THE HUMAN-AI DILEMMA

Theories of Technology towards the Era of Artificial Intelligence
along with Humanity and Society

NAKAO Yuri
中尾悠里

AIと人間のジレンマ

ヒトと社会を考えるAI時代の技術論

千倉書房

Prologue

よりよい未来のためにAIとの向き合い方を考える

近年の人工知能（Artificial Intelligence：AI）技術で、キーワードとして一番多く聞かれているであろうディープラーニング（深層学習）という言葉。私の記憶が確かなら、その言葉を私が初めて見たのはまだ大学の学部生だった2012年、とある新聞の紙上だった。おそらくその記事はGoogleのつくったディープラーニングのモデルが猫を認識したことを報道するものであり、記事の横には何枚ものニューラルネットワークの層が積み重なった絵が描いてあった。これまで数層しかなかったニューラルネットワークをより多層に積み重ねることができるからディープなニューラルネットワークであり、深層学習と呼ばれ、これまでと比べ物にならない性能が出るというようなことが書いてあったとかすかに覚えている。当時学生だった私の正直な感想は、「従来あった技術をより深く重ねただけで精度がよくなってそれが技術革新？ そんな簡単な話ならすぐに下火になるだろう、深層学習という言葉も一過性の流行にすぎないだろうな」というものだった。

その感想は大きく外れ、10年たった2022年現在もAI技術や深層学習といった言葉は時代をけん引する技術的なキーワードの１つに必ず入るようになった。そのうえ、自分自身がAI技術に関連した研究に携わることになった。（私は今でこそ工学系の研究所で働いているが、当時はそんな進路に進むとは思っていなかった）そして今、生まれて初めての著書としてAIという言葉をタイトルに冠した本を執筆している。10年前にこんな自分の像を思い描けと言われてもおそらく無理だろう。

本書を書くことになった１つ目の動機はAIの研究部門に配属された2015年にさかのぼる。当時、2005年にレイ・カーツワイルが書いた“The Singularity is near”（邦題『ポスト・ヒューマン誕生：コンピューターが人類の知性を超えるとき』(2007)）という本で語られているAIとナノテクノロジーでコンピュータと融合したポスト・ヒューマンが人間という存在を超えるであろう、という議論の一部が切り取られて、2045年にAIが人間を超えるであろう、という通称2045年が盛んに議論されていた（今でも根強く議論されている。技術によって人間の価値が損なわれるという問題は本質的な問題であり、この議論が続くことには異議はない）。

AIが人間を超える、と聞いて何をそんなに騒いでいるか当時の私は理解できなかった。まず、AIと人間は別物だからだ。例えば、電卓は人間より速く計算できるし、チーターは人間より速く走れる。飛行機は人間より遠くまで飛べるし、AIは人間より速く何がしかの分析をするだろう。それの何が問題になるのだろうか。

話を聞いていて分かってきたのは、AIというものが人間と等価に見なされている傾向にあるということだ。人工知能、という言葉でよく雑誌のカバーに書かれているのは人型ロボットのような機械ではないだろうか。電卓とかコンピュータといわれると、人は四角い機械を想像するのに、人工知能といわれた途端、人は人間型の自律的なエージェントを思い浮かべるのである。そのようなエージェントを想定して話しているものだから、他の人がまるで人工知能という宇宙人が地球を征服してしまうような気になっていて、AIが人間を超える、ということを他のテクノロジーによる技術的失職などの問題とものすごく切り離して考えているのだと私は思うに至った。

AIはテクノロジーの1つであって、人間は人間である。つまり人間とAIは他者である。技術的人工物と人間の間には大きな差がある。この他者性を論じることでAIというテクノロジーが人間を超えるというような議論でなく、実際にAI技術と人間がどう付き合うべきかを真摯に考える議論ができるのではないか、と考えたのが本書を書いた動機の1つである。

もう1つ、本書を書く動機になったのはTED（Technology Entertainment Design）で紹介されていた『私がオンラインデートを攻略した方法』（Webb 2013）というタイトルの動画である。この動画は2013年に公開されたものだが、私が初めて視聴したのは2015年以降だった。動画では、1人のコンサルタントの女性(1)がマッチングアプリで自分の理想の相手を見つけるために行ったことを紹介している。彼女はマッチングアプリのアルゴリズムが表面的な属性で男女をマッチングさせていることに目を付け、自分が結婚相手に求めることを精査して72個の条件を特定し、それを点数化してデートする男性に求める最低得点を明確化した。さらに、男性側から好意的に映るアカウントをつくるため、10個の架空の男性アカウントを開設し、オンライン上で人気のある女性アカウントの特徴（プロフィールの長さや言葉選び、写真の傾向など）をこと細かにプロファイリングした。そして、最終的には自分の理想の相手を見つけ、結婚したというのだ。

この動画は2013年に公開されたものなので、ユーモアのセンスこそ古いものになっているが、技術に関する向き合い方として本質を突いていると今も感じられる。一見すると自分ではどうにもならない、暗中模索で実験を繰り返すしかないように思えるマッチングアプリというシステムの中のアルゴリズムを、自分の性別をオンライン上で変えたり、自分なりのスコアリング方式をつくることで攻略可能なものとして引きずり出し、最終的につくり手がおそらく想像もしていないであろう方法で自分の目的を達成する、という向き合い方だ。ここでは、マッチングアプリのシステムを理解すると同時に、彼女自身も自己を理解することによって、目的に一歩ずつ近づいている姿が語られている。システムと自分を同時にハックすることで、技術を自分にとって使いやすいように改造し、自分を技術にとって利用しやすいように提示していったわけである。

ここまで書いた2つの動機、AIが人間を超える、という議論で忘れられがちなAI技術の人間に対する他者性についての考えと、マッチングアプリのように一見ブラックボックスに見えるAI技術を自分の思うように使うための技術への向き合い方についてあれこれ考えながら、一方で私は自らの研究を進めていた。当時私が行っていたのは地方に移住したい人に向けて住みたい街を提示するためのインタラクティブな推薦システムの研究だった。先ほど紹介した動画のようにAIのモデルを何らかの形でハック可能にできないかと思い、ユーザーが推薦システムの結果を自分の思うとおりに変更できるものにしてみた。しかし、インタラクションできるような設計をしても人はうまく自分の考えを伝えられるわけではなかった。人によっては、画面に何か情報が提示されたらそれを「答え」として鵜呑みにしてしまうことさえあった。多くの人は、コンピュータが何か情報を提示してきた時に、それが自分の考えで変更できるということに考えも及ばないのだ。

また、AIシステムの方が変更可能になっているだけでなく、そこに自分の思いを伝えるには、「自分がどういう人か」が明確でなければいけない。どんなところに住みたいかは、自分が住む場所に何を求めているか、が明確でないと選んでいくことができないのだ。つまり、技術を使うと同時に、人の自己像が明らかになっていなければ、技術を意のままに操ることはできないということである。しかし、この2つを両立し、技術を使いながらその人の自己像を形づくるためには、どのような技術をつくればいいのか、それは分からないままだった。

そこから月日は流れた。前述のAIシステムとインタラクションしながらユーザー自身のことを理解してもらうような仕組みの実現方法は分からないままだったが、単純に工学の研究だけをしているだけでは足りないと私は感じていた。私は学士号と修士号を科学技術社会論という分野で取得している。これは科学技術と社会の間に起こるさまざまな問題を人文社会科学的な視点から分析する学問である。中でも特に、技術論と呼ばれる技術と人間・社会の相互作用を描く学問領域について、中でも技術（人工物）が人や社会に対して持つ権力について考える「人工物の権力論」を私は専門にしていた。この人工物の権力論や科学技術論的な考え方を用いて、人々が自分にとってよりよい技術をつくるためにはどうすればいいかを考えることが技術開発の前にまずは大切なのではないかと思われた。

そうした内容を2019年に行われたFuture Center Alliance Japanなどが主催するカンファレンス、第13回トポス会議「Humanity as Innovation ～ヒューマニティ・ベースト・ビューから考える：人間不在の日本の“人間性”を問い直す～」で発表し、他のパネラーの方々と議論を行った。このカンファレンスの発表資料を準備している時に、この内容をより精緻化し、書籍としてまとめることができるのではないかと考えた。本書はその会議で登壇した発表内容を幹とし、さまざまな考察を加えて完成させたものである。最終的には発表内容から大きく変わった形になった。その過程では、学術系クラウドファンディングサイトのアカデミスト様で実施させて頂いた「人とAIが健全な関係性を築くために、技術と社会の両軸を横断したい」(2)による研究資金の調達、東京大学で科学技術社会論を研究されている藤垣裕子教授の研究室の博士課程への進学や、科学技術振興機構（JST）の戦略的創造研究推進事業ACT-Xの「AI活用で挑む学問の革新と創成」領域への採択など、本書にまつわるさまざまな活動の進捗があった。その内容についても、一部本書の中で述べている。

改めて、本書の目的は、今後の社会を良くしていくために、どのようなAIをつくり、どのようにAIを扱えばいいかの指針を示すことである。この目的を達成するために、本書では技術哲学や科学技術社会論といった、人文社会科学の分野と、工学的な AI 研究の中に見られる言説を横断する。具体的な本書の流れは下記のようなものだ。

まず序章（チャプター 0）では身の回りに広がった技術によって社会は規定されるか、ユーザーは技術による規定に反抗することができるのか、それを社会的な動きにしていく方策はあるのだろうか、という問題提起を行う。

次にチャプター 1 では、AI 技術を離れて、そもそも技術とは何なのかということを科学技術史や科学技術社会論の文脈から紐解く。これは、AI 技術だけでなく、技術一般が人間の他者である、ということを議論するための土台となるチャプターである。

続いてチャプター 2 では、AI 技術の歴史を振り返ると同時に、AI の他者性について議論する。AI 技術の歴史は人間の知能が何なのかを追求する歴史である。一方で、AI 技術はあくまでも人間の他者である。この矛盾した 2 つの事実によって AI 技術の人間に対する他者性を議論するのがこのチャプターである。また、その他者性が AI 技術の開発において常にステークホルダー間の対話を要請しているということも議論する。

チャプター 3 では、AI 技術がもたらす問題について個人や社会のレベルで議論する。AI 技術に関する問題はさまざまに議論されているが、個人に対する影響と社会に対する影響はまた別のものであるため、それぞれを分けて議論する。さらに、一見純粋な技術研究に見える AI 技術の開発の中にどのように企業や国の意向が入ってくるかということを分析する。最後に、ここまで議論した問題というのがそもそも AI 技術が人間にとって把握できないものであるために起こっているということを述べる。

次のチャプター 4 では、このチャプター 3 の内容を受けて、AI 技術を人間と社会とインタラクションできるものにするためのアプローチを考えていく。昨今議論されている、レスポンシブルな AI にとって必要とされる要素を明らかにしながら、説明可能な AI、解釈可能な AI といった、AI 技術を人間に把握できるものにするための技術を紹介する。最後に、そもそも AI の技術開発の中で考えるべき社会的な要因とは何なのかということを議論しながら、AI 技術自体が社会とのインタラクションを経て進歩していくということについて述べる。

チャプター５では、人間性を拡張するために、哲学的にはAIをどのように考えていけばいいのかを考察する。AI技術は人間と同一視されたり、環境に溶け込んだ時には自然と同一視されたりする可能性があるが、人工物と自然物を同一視することは人工物の中に含まれる権力を見過ごすことにつながるため危険である。こうした危険性に触れつつ、人間をエンパリーするために必要なAI技術との関係性を、技術哲学の議論を援用しつつ議論する。

チャプター６は終章を除くと最後のチャプターになる。ここでは、まだ実現していない今後の研究開発の方向性について語る。私自身の技術開発経験などを基に、進路選択という例を用いて社会を拡張するためのAI技術の研究開発には何が必要なのか、真に人間が自律した状態で意思決定をするにはどのような議論基盤が哲学的にも工学的にも存在すればいいのか、ということを議論していく。ここでは簡単に、私が現在携わっている研究課題についても触れる。

終章（Final Chapter）では、本書で述べたかったことを簡単にまとめつつ、AIと人間のジレンマとはいったい何なのかということを述べる。

＊＊＊

本書の執筆は、このPrologueの前半部分で述べた動機のもと、私個人が研究費を募ったクラウドファンディング「人とAIが健全な関係性を築くために、技術と社会の両軸を横断したい」の支援金で大部分が賄われている。技術の他者性を明確に議論し、人間・社会・技術の三者について考察し、人間や社会にとって適切な技術開発の方法を探求する一環として、クラウドファンディングやこの書籍の執筆を実施させていただいた。クラウドファンディングでは、阿部 真也 様、岡崎 幸治 様、小副川 健 様、小山田 和仁 様、片岡 賢太郎 様、菊地 亮太 様、河野 誠 様、酒井 彬 様、原 重充 様（五十音順）をはじめ、156名の方々にサポートいただいた。このサポートがなければ、本書を世に出すことはできなかった。この場を借りて御礼を申し上げたい。

さらに、学部、修士課程、そして博士課程在籍中である現在もご指導頂き、科学技術社会論や学問そのものを進める姿勢をいつも示して下さっている東京大学大学院総合文化研究科の藤垣裕子教授にも御礼申し上げたい。藤垣先生のご指導がなければ、人工物の持つ権力性について注目し、思索を巡らせ続けることは難しかった。

また、先にも紹介した2019年の第13回トポス会議「Humanity as Innovation ～ヒューマニティ・ベースト・ビューから考える：人間不在の日本の“人間性”を問い直す～」の際にお声がけいただいた千倉書房の岩澤 孝 様にもこの場を借りて御礼申し上げたい。岩澤 様には、度重なる原稿の延期に辛抱強く耐えていただき、多大なご迷惑をおかけした。言うまでもなく、企画から出版までに２年以上という長い時間がかかってしまったのは一重に筆者である私の責任である。重ねてお詫び申し上げたい。

最後に、ここまで育て、見守ってくれた両親と、傍で応援してくれた妻の玲子、ここまで関わって頂いた友人や勤め先である富士通研究所内外の同僚、上司、後輩の皆様に感謝したい。どの一人の力添えがなくても私が今まで研究を続けられたとは思えないし、本書を書くこともできなかっただろう。本当に感謝いたします。

2022年４月４日

中尾悠里

（１）Future Today Institute の CEO、Amy Webb 氏。
（２）学術系クラウドファンディングサイト「アカデミスト」上にて2020年１月15日から2020年３月16日まで実施。

AIと人間のジレンマ
ヒトと社会を考えるAI時代の技術論

目次

目 次

Chapter 0

序章
技術が先か人間が先か

SECTION 1 身の回りにあふれる人工知能

今や、人工知能（AI）技術が我々の身の回りにあふれている。Google の検索エンジンや、YouTube、Apple Music、Spotify などの動画・音楽サイト、スマートニュースやその他のニュースアプリの背後で、AI はいつ開いてもあなたに合わせた情報を提示してくれる。Facebook や Twitter などのソーシャルメディアの背後で、AI は常にあなたが関心のありそうな友達の投稿をあなたのタイムラインに表示する。少し前まで AI 社会は未来の話のように語られていたが、これらのあなたに合わせてパーソナライズされた情報提示を実現する AI がそこかしこに見られる社会が今や当たり前になった。

さまざまなシステムの背後で、AI は、あなたの閲覧記録や友達とのやりとり、年齢、性別、趣味嗜好などの情報を加工し、分析し、あなたに合わせた情報を常に提示してくれる。我々はその技術の存在を当たり前に思い、頼りきりになっている。おかげで今や我々は自分に関係がない検索結果や、興味のない動画、人気のない情報を見ることが格段に少なくなっている。必要な情報を適切にフィルタリングすることで、AI は有象無象の情報の洪水を各人が目的地まで泳いでいける経路を教えてくれる。もはや AI 技術は夢物語のような世界の話ではなく、今やさまざまな形で我々の社会になくてはならないものとなった。もちろん、人間と同じように考え、受け答えをするドラえもんや鉄腕アトムのような AI はまだ生まれていない。しかし、要素技術としての AI 技術は社会の隅々に存在する。本書では鉄腕アトムやドラえもんのような想像上の万能な人工知能を指す時は AI といい、それ以外の、すでに実現している技術を指す時は AI 技術や、AI 技術を使った AI システムといった言葉を使うこととする。

SECTION 2 技術がもたらされることで変わる社会

AI技術について考える前に、技術[1]一般と人間の関係について基本的な考えを共有したい。

人間は誕生以来、自然にあるものを自分に都合のいいように変えることで文明を発展させてきた。火の利用、文字の発明、農業の誕生、蒸気機関の発明。鉄道、自動車、ラジオ、テレビ、インターネット。どの1つをとっても、人間社会を変えなかった技術はない。さまざまなところでAI技術によって社会が変わる、という懸念が語られているが、この懸念も新しい技術が人間の社会を変えるという一般論としてみると、とくに目新しいものではない。

例えば、水道というテクノロジーを考えてみよう。ある本に次のような逸話が紹介されている（Sclove 1995, p.3）。昔、スペインのある村では、人々、とくに女性が洗濯を手洗いで行っていた。そのため彼女らは毎日村の洗濯場に集まる必要があった。しかし、水道が通ってからは洗濯機を購入する家庭が増え、各人が自分の家で洗濯を行うことができるようになった。当然、彼女らは洗濯場には集まらなくなった。毎日彼女らが集まる村の井戸と洗濯場は活発な社交場であった。しかし、水道の登場によって村の女たちの間のコミュニケーションの機能が失われてしまった。水道という技術が共同体の結びつきの破壊を助けることに繋がってしまった、という話である。

ユニセフによると、2017年現在、世界人口の55億人が安全に管理された水を利用できるようになっている（unicef 2019）。もはや我々は水道をテクノロジーとして認識してすらいないかもしれない。しかし、上下水道の仕組みは、川や湖から水を引き浄水場でゴミを取り除いて殺菌を行い、人間に害が無い水をつくり、自然に悪影響をもたらさないような形で排出を行うというテクノロジーの集合体である。先の逸話は、人々の安全な生活と、水を運んだり洗濯物を運んだりという重労働から人々を開放するためにつくられたテクノロジーが、じつは人々の共同体を破壊する役割を担ったという説を伝えている。

水道もAI技術も、どちらも社会の形を変えはするのだが、このまったく異なる事例を比較することで、テクノロジーの持つ共通の性質を見出すことができる。それは、人間に利便性を与えるために開発されたはずの技術が人々の間のコミュニケーションの必要性をなくすということだ。技術が発達する以前には何をするにも物理的に一カ所に集まったり、人に聞いたりして人と人とが密接に関わる必要があった。しかし、テクノロジーは個人の利便性を上げ、何でも一人でできるようにしてくれる。それまで必要だった個人間の物理的なコミュニケーションや暗黙知の伝達の必要性を取り払っているのである。

こうした性質は必ずしも悪いものではない。ただ、コミュニケーションの様態の変化は社会の姿の変容につながっている。社会が変わるということは、そこに暮らす我々も変わる必要がある。我々は新たなテクノロジーが生み出されたらその都度、そのテクノロジーが存在する社会のあるべき姿を考える必要があるのである。

しかし、ここで1つの疑問が湧いてくる。それは、テクノロジーの方が社会構造を一方的に変えてしまうのか、ということである。人間は自分がつくった人工物の前にはなすすべもなく、社会の在り方を明け渡し、事後的に身の処し方を考えるしかないのだろうか。

SECTION 3　技術から逸脱する人間とそれに対応する人間

もしテクノロジーの社会の在り方を変える性質に人間が一方的に左右されるだけなのであれば、人間に残された決定の余地など何もないかに思える。しかし、現実には人間には多くの決定権がある。技術開発を進めるエンジニアが技術自体に対する決定権を持つのは当然だが、それ以上に、一般の人、つまり技術の非専門家も技術に対して反抗することができる。

どうするかというと、単純にテクノロジーを開発者の意図どおりに使わなければよいのである。

意図どおりに使わない、ということの一番説明しやすい例は、技術の改造である。人間は技術的な人工物を改造することができる。中には、改造することを前提につくられているような技術すら存在する。例えばミニ四駆や一部のアナログシンセサイザーのような楽器などがそうだ。他にも、人間は車もバイクも改造するし、電気や水道のようなインフラですら時折（違法かもしれないが）改造を行う場合がある。もちろん犯罪行為や、ケガの恐れがあるような危険な改造は行わない方がいいだろうが、何も考えなければ技術がつくられた時に意図された使い方から逸脱することがいくらでも可能だ。

改造にまで至らなくても、思いもよらない使い方をする例は沢山ある。電子レンジに濡れた飼い猫を入れて温めようとしたら死んでしまったという例は有名だろう。レンジは死んだものを温めることを想定してつくられており、生きたものを入れて温めるべきではない。

こんな話がある。自動車を大量生産して一般市民でも利用可能なものにしたことで有名なフォードのＴ型自動車が、当時のアメリカの農村部では単なるモーターやトラクターとして利用されていたという話だ（Pinch 1996）。農村部でＴ型自動車は後輪のタイヤをもぎ取られ、ジャッキアップされ、回転を生む動力源としてのみ利用される場合があった。これが例えば洗濯機を回すのに使われたりしたのである。また、改造されてトラクターとして使われる場合もあったという。ユーザーはいつも、技術的な製品の使い方を大きく変えて自身に有用な使い方を行っているのだ。

しかし、このＴ型自動車の農村部での利用の仕方は自動車製造業者を落胆させた。このことが一因となって、トラクター専用の機械の開発が始められたという（Pinch 1996）。農村部で自動車が本来想定された用途と異なる仕方で使われているということが明るみになると、会社はその新たなニーズに応え、逸脱した利用を新たな市場に結び付ける必要に駆られたわけである。そのために、エンジニアたちはそのニーズをすくいとるテクノロジーを開発する必要があった。

この例では、技術の改造、自動車製造業者による改造の発見と落胆、それを契機とした新製品の開発、という流れがある。ユーザー個人が勝手に行った改造が新たな製品の開発のきっかけとなっている。

ここで注目したいのは、ユーザー個人は自身の便益のために技術を改造することはできるが、それが多くの人の利益になるようにするには、やはり自動車製造業者やエンジニアといった人の活動が必要であるということだ。この流れの中では、ユーザーと技術は真の意味で対等ではない。自動車という静的な技術は改造という行動も含めて、ユーザーの行動の多くを規定してしまっている。そして、ユーザー個々人の改造行為が一つの技術的製品として結実することはないし、改造が沢山行われてもそれは個人の行為の集合に過ぎず、社会的な変革と呼ぶにはエンジニアの力を必要とする。

しかし、もしもユーザーの個人的な改造行為によって技術による社会の規定に抗うことができれば、人間と技術はより対等な関係を築けるのではないだろうか。ユーザーが自分のために行うローカルな逸脱行為が、社会を技術的に決定しないために有効な対抗手段となれば、技術が社会を一方的に決定することは避けられるかもしれない。ユーザー自身の利便性を向上させる行動が、社会によっていい影響をもたらすようになる仕組みをつくれないだろうか。あるいは、ユーザー自身が、社会的なつながりを考えるやり方で技術を使うようになるという道筋は考えられないのだろうか。

こうした技術への反抗によって社会を人間に把握できる状態にとどめておくためには、まず、新しいテクノロジーによって人のコミュニケーションの形態が変化し、それに伴って社会の形態も変化するという状況の中でも、やはり各個人の行動は自由であり、反抗するということが可能であるということを、我々一人ひとりが認識している必要がある。上に挙げたＴ型自動車をはじめとした例では、どのようなテクノロジーが社会にもたらされても人々はそのポテンシャルを自分に都合のいいように利用し、まったく自由に身の回りの環境を形づくっているように思える。そうしたことを現代の我々も、AI技術に対して、できれば社会全体として、行っていくべきではないだろうか。

また、ユーザー自身が逸脱行為によって技術と対等な関係を築くことができる可能性の一方で、忘れてはならないのは技術をつくっている人間、エンジニアのことである。技術を使うのも人間なら、つくり出すのも人間である。技術をつくるエンジニアたちは、ユーザーにとって便利な技術を生み出しているはずなのに、自身が生み出した技術の利用方法からのユーザーの逸脱に対していつも対策を迫られてきた。

先のT型フォード車の例を見ても、ある意味でエンジニアたちは、ユーザーたちの予想できない逸脱した技術の利用方法をイノベーションの契機にしてきた。技術と人間とのせめぎ合いだと思われていたものは、じつはユーザーとエンジニアのせめぎ合いだったともいえる。ある意図をもってエンジニアが技術を設計する。ユーザーはその技術を受け取って時に本来の狙いと異なる使い方をする。その使い方から新たな着想を受けてエンジニアが新たな技術をつくる。これが、従来の技術における、人工物を通じたエンジニアとユーザーのインタラクションであった。それは、従来のテクノロジーが、いかに複雑なものであれ、基本的にはつくり手が考えたとおりに動くものであったためである。

しかし、このインタラクションの形は現代では大きく変わってしまった。その変化はAI技術の普及によるところが大きい。

もちろん、現代でも多くの技術者・研究者がAIの研究開発に携わっている。彼らはさまざまな環境の変化やユーザーが持つ問題に技術的に対応することを迫られている。

一方で、ユーザーが残していったログデータを統計的に分析して結果を変えていくAI技術では、エンジニア抜きでユーザー環境を改変することが可能になっている。つまり、エンジニアですら直接的に意のままにならない技術が広がっている、ということである。

SECTION 4 AI時代のユーザーと技術のインタラクション

従来はユーザーを取り巻く技術的な環境の変化は人間（エンジニア）によって起こされていた。しかし、現在ではデータドリブンなAI技術が導入されることによってテクノロジー自体がひとりでにユーザーの技術的な環境を変化させられるようになってきている。そのため、エンジニアたちはユーザーの環境自体を設計しているというよりは、むしろAIがどのようにユーザーの環境を改変するかという環境設計のポリシーを設計している。ポリシーの設計、つまり、どうやっ

図0-1　従来の技術とAI技術の間での、エンジニアからの修正がユーザーへの出力に及ぼす影響の差

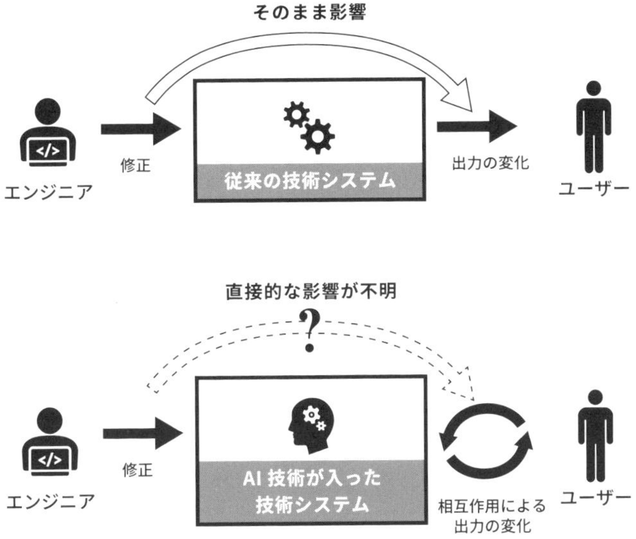

てAI技術に対してユーザーのインプットに応じた変更をさせるか、ということをデザインすることは、環境自体を設計するよりももう一段上の階層の設計行為である（図0-1）。

このような現状は、ユーザーとエンジニアの間に、前よりも分厚いバリアが張られたような状態が一般的になっていることを示している。従来は、例えば家電を購入して使い方が分からなければ、説明書を読んだり、長年使ってコツを覚えれば機械のリアクションをユーザーはイメージすることができた。しかし、AIは使っている中で外部からそのインタラクションの結果を変更されていく。したがって、機械からのリアクションの方針がユーザーの知らないうちに変わっていくのである。

従来の技術であれば、ユーザーが自分の意思で技術の規定された利用から逸脱するのは比較的簡単であった。しかし、AIは自分たちの知らない間に相互作用のポリシーを変えていく技術である。我々は、自分たちにとってよい環境をつくるためにこうした技術群にどう対処すればいいのだろうか。

これからのチャプターでは、人間と技術の関係性についての議論から始め、そこから、AI技術とはどんなものか、何がAI技術とヒトとの差異なのか、我々はAI技術とどのように付き合うべきかといったことを議論する。中でも重要なのはAIの非専門家であってもAI技術が改変可能である、と認識することであり、同時にAI技術の開発の中ではユーザーや利害関係者との対話が必要であり、社会と人間という要因を考慮することである、ということだ。

（1）技術というとテクノロジーを指す場合とテクニックを指す場合があるが、本書では技術的人工物、すなわちテクノロジーを指す。

Chapter 1

テクノロジーと人間の関係

SECTION 1 自然の理解とテクノロジー

本書のテーマである人工知能（AI）は知的だと人間が認識できるような技術をつくる分野である。AIの議論に入る前に、知的とは限らない他の技術一般が人間の歴史、そして現代の社会の中でどのように発展し、受け入れられてきたかを見ていきたい。それによって、AIが他のテクノロジーと比べてどこが特殊でどこが特殊ではないかを考えることができる。技術一般を分析する際に取られるアプローチは、技術をつくる工学の他にも、技術の歴史（技術史）、技術の哲学（技術哲学）、その他社会学的なアプローチ（科学技術社会論）などがある。まず、歴史的な角度から、ヒトが誕生してテクノロジーと向き合うようになったところから話を始めよう。

1-1 人間の歴史とテクノロジー

テクノロジーはまず、人間が偶発的に出会った自然を模倣し、コントロールすることで始まった。たまたま地面に転がっていた石をとがらせること、山火事などで発生する火を自分の手の中で起こせるようになること、自生する植物の生育をコントロールできるようになること、自分たちが発している言葉を記号として記録できるようにすること、これらのすべてはもともと世界に存在した自然に依拠した発明である。こうしたテクノロジーによって、人間の生存や社会はその基盤が与えられてきた。

ここでは、人間が自分の目的のために加工した自然物をテクノロジーと呼ぶことにする。例えばその辺に落ちている木の枝はテクノロジーではないが、先をとがらせて槍にしたものはテクノロジーと呼ぶ。最初にヒトが使ったテクノロジーはおそらく石器である。ただの石を、狩猟採集のため、調理のためなどに加工した石器は250万年前、ヒトの誕生とほぼ同時に生まれたとされる（ハラリ 2016, p.22）。その後、数十万年から数百万年して火が日常的に使われるようになり、ヒトはナマの生き物の肉に火を通し、暖をとり、夜でも獣に襲われないようにすることができるようになった。間違いなくこうした狩猟採集の効率化、調理の習得は直接的に人間の寿命を長くしたはずである。

また、今でいう科学が生まれる以前に、テクノロジーは現代の社会が築かれる土台をつくっていった。

例えば、テクノロジーの複合体によってなされた革新として農耕文明の誕生、文字の成立などが挙げられる。農耕は食料の備蓄を可能にすると同時に、富める者と貧しい者を生み出し、一部の富む者への権力の集中を生み出しただろう。また、備蓄された食料を巡った領主間の争いも生み出された。他方、文字は、知識を伝達することを可能にし、言葉を用いる人間の複雑な思考過程を時間を超えて他人に伝えることを可能にすると同時に、ハンムラビ法典のような細かな法律を定めることを人類に対して可能にし、統治機構の基盤となっていった。こうして、自然から生まれたテクノロジーが人間の社会の基盤となった。

1-2　テクノロジーで介入することによる自然の理解

古代では偶発的に対面した自然を模倣し、技術として利用していた。しかし、この技術についての考え方は17世紀に至って大きく変わることになる。

その変化は、イギリスの哲学者フランシス・ベーコンの「知は力なり」という言葉に表れる。この言葉を文字どおり読むと「知識が力である」という知識の有用性を説いた言葉に見える。そのため、知識を使うことができれば、自然を征服することができる、という意味だと考えられる場合がある。

しかし、実際にベーコンが言いたかったことはこの捉え方とは違い「知識と力が一致する」ということとされる（村田 2009, p.64）。知識の獲得はただ思考を巡らせることを通じてではなく、身体や道具を使うことで初めて可能だということである[(1)]。自然言語による人間の思考は、時には不可能な事を可能であるように表現してしまう。例えば魔法や錬金術も、現実にあるもののように書くことはできる。しかし、魔法や錬金術をこの自然界で物理的に実現しようとすると難しいということが実践を通じて徐々に分かってくる。普通の箒にどれだけ念じても空を飛ぶことはできないし、どのような工夫を凝らしても金ではないものから金をつくりだすことはできない。

さらに、ベーコンは人間が知識を獲得するには、自然や社会において生じる現象をつぶさに観察する必要があるというのと同時に、とくに自然のような対象と向き合う際には、自然自体を自由にさせておくのではなくて、技術によって苦しめる必要がある、とも説いている。つまり、知識を得るために、河原に寝そべって青空を見たり川の流れを観察したりするのでは不十分であるということである。

もちろん、なぜ空は青いのだろう、なぜ川の流れは一定にならず変化するのだろうと疑問を持つことは科学的な発見のきっかけになることはありうるが、偶発的な１回限りの自然現象から一般的な知識を得ることはできない。一般的な知識を得ようとするなら、特定の現象を再現できる理想的な環境をつくる必要がある。これはすなわち、自然をある条件に拘束する必要があるということである。これが、自然を自由にさせずに技術によって苦しめる、ということの意味である。

ベーコンはこの「苦しめる」ということを行うためのテクノロジーの利用を主張した。テクノロジーを用いて拘束した自然を理解することで知識を得る、というのがベーコンが「知は力なり」で唱えた内容であり、それこそがベーコンのテクノロジー、自然、知識の考え方である。

ベーコンの言葉に応じるように、16〜17世紀は科学革命の時代となった。科学革命は必ずしも技術の革命だけではなく、同じ事象に対して異なる解釈を与えることによって思考法が切り替わったことを含む。同じ天体の動きという現象に対して従来と異なる解釈を付与した最大の例である地動説を提唱したコペルニクスの『天体の回転について』は1543年に出版されている。

一方で、同じ事象に対して異なる解釈を付与するには物理現象をつぶさに観察することで十分、というわけではない。天動説から地動説へのコペルニクス的転回は、必ずしもつぶさな観察によってのみ起こったわけではない。天動説が信じられている世界でも、天体の複雑な動きを理論化することは可能であった。例えば惑星の円運動に則らない運動を説明するために、天体は必ずしも地球を中心とした円の上を動くだけでなく、その円上にある点を中心にするような円の上も動くのだ、という理論の拡張などが行われていた。当時は天動説自体を覆すことなく新たな理論を追加して複雑な現象を説明することは可能であったのだ（野家2015, p.40）。

天動説が地動説に代わっていったのは、従来の説明では新しい現象を説明することが難しく、むしろ他の説明の方が新しい現象や、これまで発見された現象を説明するのに適していると考えられていったからである。このように、新たな解釈が生まれていくためには、観察だけでなく、考察、思索も必要である。

科学的な発見に考察や思索が必要だということを示す他の例として特殊相対性理論の例がある。アインシュタイン自身の回想によると、特殊相対性理論はアインシュタインが16歳の頃に考えた思考実験を基につくり出したといわれている（安孫子 2004, p.55）。アインシュタインは光速を体験したわけではないが、自らの直感と思索に基づいて光の速度に近づくと時間の流れが相対的に遅くなるという現象を洞察した[2]。その後、一般相対性理論を発表した後に、彼の理論の正しさを裏付ける観察結果が報告された。1919年の皆既日食の際に、本来であれば太陽の陰に隠れて地球からは観測できないはずの星が観測されたのだ（安孫子 2004, p.242）。これは、太陽の重力によって光が曲がる現象（重力レンズといわれる）を立証したものであり、このことはアインシュタインの一般相対性理論によって予言された現象であった。つまり、アインシュタインの思索がのちの観察で追認された例である。

このように、思索が先行して後に観察がついてくるという場合もあるが、いずれにせよ思弁的に議論されたものがすべて正しいとは考えられず、実験・観察を伴うことが必要であるという考え方は現代に引き継がれている。理論的に考え出された科学的な仮説はやはり仮説であり、それが実際に正しいか検証するためには自然の観察がやはり必要になる。

1-3　専門知と科学的知見

自然を観察・計測して仮説の妥当性を検証するためには少なからず計測・観測技術を含めた技術の発展が必要である。科学革命の時代にはテクノロジーの発達が自然の理解に影響を及ぼすようになったといわれる。例えば、天体望遠鏡の発明がなければガリレオが天文に関する発見を多くすることができなかった。

科学にとって技術の必要性が増し、技術と科学が密接に関係するようになると、技術的な専門性と科学的な専門性の境界が次第になくなっていった。例えば、技術の専門家としては、エジソンのような発明家だけでなく、科学者も多くの技術を考案している。先の3.11（東日本大震災）の原子力発電事故の際に放射線を計測するために使われたガイガーカウンターという機器はハンス・ガイガーという物理学者と教え子のヴァルター・ミュラーによってつくられた。他にも、電子1つが持つ電荷を計測するために油滴実験という有名な実験のための装置を開発した物理学者ロバート・ミリカン、光速度を地上で観測するための装置を初めて考案した物理学者アルマン・フィゾーなど、何かを計測するために科学の専門家たちが機器を発明してきた。

技術をつくる営為と、科学を行う営為の間に線を引くことは現代ではかなり難しいが、それでも科学と技術の出自は基本的に大きく異なる。科学革命については先に説明したとおりだが、一方の技術は人間が技術を使い始めた時から存在する。衣食住を賄うために、先史時代から人間はテクノロジーを使ってきた。そこには、科学的な自然の理解は必ずしも必要ではない。農耕文明は植物の科学的な理解を正確に行うというよりも、試行錯誤を繰り返すことで経験的に得られたノウハウによって営まれていただろう。おそらく古代の人間にとって、「なぜそうなるか」の説明は科学的である必要はなく、神話的な説明であっても現実的に技術が利用可能であれば問題なかったはずである[3]。このような技術の発展は、思弁的な物事の理解を超えて自然を技術によって特定の環境に置くことで人間の知識を拡大しようとする科学の営為とは異なるものである。

ここまでは技術についての話だったが、ここで現代の科学がどのように行われるか見ていこう。

現代、科学、アカデミックな営為が行っていることは、基本的には次のような流れを踏む。まず、大学やその他の研究機関に所属する職業研究者や少数の独立系研究者という人々が存在し、多くの場合、それぞれが自分の所属する分野を持っている。彼らは自分の分野において著名な論文誌や学会で発表された学術的な知見を日常的に調べている。これを既存研究のサーベイという。そして、そのサーベイの結果、自分の分野で分かったこと、考えられていることの中でまだ足りない部分、新たに拡張できる部分を既存研究の課題として見つけ、そこに新たなアイディアを加え、あるいは反論となるような仮説を立て、実験や調査分析等を通じて検証する。そして研究者たちは検証結果をまとめて論文にし、論文誌や学会に投稿する。論文が一度投稿されると、同じ分野に属する他の研究者たちがピアレビュー（査読）を行い、実験の内容が理論的に間違っていないか、結果はその仮説を裏付けるのに十分なものか、といった内容を、その分野での妥当とされている基準（妥当性境界（藤垣 2005, p.31））に照らし合わせて審査する。審査の中では、レビュワーからのコメントを基に論文の中の表現の変更が求められたり、追加実験が求められたりする。こうした審査の中で、論文自体の書き方も少しずつその専門分野、あるいは研究コミュニティの中で妥当なものに変わっていく。そして、無事そのレビューが終われば、研究結果が論文として出版され、その研究者の業績として、１つの新たな知識がその専門分野に追加される。

これが現在行われている科学研究の基本的なプロセスだが、もし新たな技術を考え、学術的な妥当性を確保しようとするならば、現在ではこうしたプロセスのもとで技術もまた審査されなければならない。例えば、新しく物理現象を計測するための方法を考え、そのための機器を学術的に提案しようとする場合は、第三者がその機器を再現可能なように論文中に詳細を書く必要がある。また、新規性のある機器をつくったということを主張するために、既存研究に則ってそれらのどのような課題を解決したのか、あるいはどのような問題に対処するために拡張したのか、といったことを議論する必要がある。

もちろん、先に例として挙げた物理学者たちの発明はいずれも19世紀から20世紀前半に行われたものなので、当時のアカデミアの事情は異なっていたかもしれない（例えば、当時は同じ分野の学者同士のピアレビューというシステムはほとんどなかったという報告もある（Baldwin 2018））。しかし、基本的にその研究の内容が正しそうかどうかはコミュニティによって決められるものであるというのは基本的には変化がない。提案した計測方法が学術的に正しくないと判断されれば、折角つくった計測機器も無駄になるかもしれない。それでも、計測機器を発明することが科学的発見のために必要となる世界においては、計測機器を考案することも科学的営為の一部である。

機器の考案が科学的営為の一部になるのだとすれば、逆にテクノロジーが科学研究の延長線上に生まれるように感じるかもしれない。科学的な研究の直線的な延長線上にその応用としてのテクノロジーが待っているという考え方を、「技術の応用科学説」という（村田 2009, p.95）。時折メディアで語られる、科学研究は人間の役に立つべき、というような意見も、科学の先には人間に役立つ技術があるという素朴な応用科学説を前提にしている場合が多い。それほどまでにこの説は我々にとって身近なものだ。応用科学説では、科学こそが知識の源泉であり、技術が再現性を持って機能する理由はそこに科学的知見が含まれているためだと考える（村田 2009, p.96）。

しかしながら、この見方はあまり正確ではない。技術の応用科学説は「応用」の複雑さやその中で発揮される技術の独自性を無視しているという批判もある（村田 2009, p.97）。実際には科学にのみ基づいて実際にうまく機能する技術が開発できるかといえば必ずしもそうではない。実環境における理論との差異、理論がカバーできていなかった条件によってテクノロジーはすぐに機能しなくなる。

例えば、哲学者の村田純一はディーゼルエンジンを例として応用科学説の現実との乖離を説明している（村田 1995, p.274）。ディーゼルエンジンの名前はその原型をつくったルドルフ・ディーゼルからとられている。彼は1892年にディーゼルエンジンの特許を書いている。しかし、特許に書かれた内容ではエンジンがまったく動かなかったり１分だけ動いて止まってしまったりして機能しなかった。そこで、ディーゼルやその後継者たちは多大な技術の修正を必要とされた。例えばもともと等温膨張とされていたエンジンの機構が等圧膨張に修正された。こうした実際の使用に基づく改良によってもはや技術は最初に考案されたものとまったく異なるものになっていった(4)。

ここから分かるのは、科学が前提とする理想状態における知見はそれがすぐに実環境に応用できるものであるとは限らず、むしろ実環境に応用できない可能性の方が高いということである。そのため、実環境において生じた問題からフィードバックを得て初めてその問題点が明らかになり、より深い事象の分析・技術の深化につながる。時には、元のアイディアを生み出すのと同等の、あるいはそれよりも大きな労力が現実でそのテクノロジーを機能させるために割かれる場合すらある。

科学とテクノロジーは別のものである。しかし、科学は自然をある一定の状況下に閉じ込めるためにテクノロジーを利用してきたし、テクノロジーはその正当性を担保する根拠の１つとして科学的な営為を利用してきた。しかし、技術は常にその現実的な使用状況と相互作用する。現実は実験室よりも多様である。そのため技術を科学的な真理として理解することは困難である。人間の知識構築の営為である科学の手に余る技術は、もはや人間の手から離れた存在である。

SECTION 2 テクノロジーの他者性

テクノロジーの歴史を紐解き、科学とテクノロジーの関係を見ていくことで、人間がどうやってテクノロジーを産み出し、利用してきたか、また、科学とテクノロジーがどのように相互作用し、人々が実践できる知識を生み出してきたかを見てきた。ここまでは、あくまでテクノロジーの開発も科学も人間が主体的に行う活動であり、すべての主導権が人間にあるような形で議論を進めてきた。素朴な感覚からしても、人間の側から見れば、テクノロジーは自分たちの手足のように意のままに扱えるように設計された道具に見えるかもしれない。しかし、本節で考えていきたいのは、テクノロジーは人間の役に立つ道具であると同時に、物理的に人間とは異なる存在、他者であるということだ。つまり、人間の役に立つといっても同じように人間の意のままに動く手足とは異なる存在である。この「技術の他者性」を理解することは、時として人間の意のままに扱うことができないというテクノロジーの性質を理解する際に不可欠となる。

2-1 物理的に生み出されるアイディア

テクノロジーを考案し、開発を進めるのは紛れもなく人間なので、基本的には人間が考えたもののみが技術としてつくり出される（中には意図せずに偶然生まれる技術があるかもしれないが、それを特定の用途で使うと決定するのはやはり人間である）。しかし、人間が考えたもののすべてがテクノロジーとしてつくり出せるわけではない。錬金術は存在せず、呪文のみで人間は空を飛ぶことはできない。テクノロジーは、人間の思索の中の、物理的に実現可能な部分のみを体現した、部分集合（サブセット）である。

人間の思索は基本的に自然言語、つまり日本語や英語といった人同士の会話でのコミュニケーションに使われる言語で行われる。自然言語を操れば魔法や錬金術をもっともらしく説明することも可能だ。もちろん、自然言語で表現できることに限界があり、議論できないことが存在することも指摘されている(5)。しかし、自然言語の自由度は少なくとも人間が現実に起こり得ないことを文章として表現できる程度には高い。ドラえもんが四次元ポケットから出す道具を自由に考えられる程度には、自然言語は自由である。

この自然言語の自由さは裏を返すと人間の思索が技術的な実現性の観点からは不完全であるということにつながる。摩擦や空気抵抗のまったくない環境を考えて、永久機関の仕組みを頭の中で考えることはできるかもしれないが、実環境でそれをつくってみても稼働中に力が失われていき、永久には動かない。タケコプターをもし本当につくったとしても、空中で人間が回転せずにプロペラだけが回る機構をつくるのは、おそらく不可能だ。一見あり得そうなものを発想としたとして、それを物理的にテクノロジーとして実現しようとしても無理なものは無理である。

したがって、テクノロジーは人間が思いつく無限のアイディアの中の、物理的に実現できる一部のみが結実した姿だ。その一部以外の人間の思索は、技術になる前に消えていく。消えていく思索があるということは、テクノロジーは必ずしも人間の思いどおりにつくられていないということである。人間の思考、妄想は常にさまざまなものから抵抗を受け、形を変えざるを得なくなる。

人間の思索がテクノロジーになる過程で何が起こっているのだろうか。人間の思索をテクノロジーとして実現させようとする時、ヒトはさまざまなモノ、表現技法と相互作用する。モノというのは薬品、機器、コンピュータ、あるいは物理法則自体などであり、表現技法というのは、設計図、数式、フローチャートとして描かれた条件式、プログラミング言語などである。自然言語だと一見可能に見えることが、これらとの相互作用の中では不可能、あるいは実現が困難だと明らかになっていく場合がある。

例えば、鳥のように空を飛ぼうとする時にまず人間は「羽ばたけば飛べるのでは」と考えて板を腕に着けて丘の上から跳んで羽ばたいてみる、しかし飛べない。機械を使ってもっと速く羽ばたいてみるが飛べない。そのうち、翼の断面の構造の方が重要ということが分かり、羽ばたくのではなくて翼に前から風を当てることが揚力を生む秘訣だと分かるようになる。ここでは「羽ばたく」という形態模写で飛べるような気がする、という人間の思索がまず存在し、それが重力や空気抵抗などといった物理法則によって却下され、代替案を探していくうちに、翼を動かすのではなく固定しておく今の飛行機の原型にたどり着いている。この原型に基づいて、飛行機を飛ばす理論が得られる。理論が一度得られれば、紙の上でその理論と相互作用をするだけで、かなり多様な代替案を出すことが可能だ。例えば飛行機をより速くしたい時にどのような形を設計すればいいかは、実際に機体の模型をつくる前にコンピュータでのシミュレーションがなされる。もちろん風洞実験や実際の機体での実験などは繰り返し行われる必要はあるが、今では実際の物理現象だけでなくコンピュータとの相互作用を通じて人間の思索を試すことができる。

物理現象との相互作用だけでなく、数字との相互作用という例もある。例えば、近年では人工知能（AI）が差別的な判断をするという問題が出てきている。例えば銀行のローン審査をするAIを開発しようとすると、過去のローン審査のデータをAIのモデルに学習させることになる。このデータの中に、女性や有色人種のデータが少ししか入っていなかったり、女性や有色人種の申請が棄却されたデータがたくさん入っていると、つくられたモデルもまた女性や有色人種に対して、その人が女性だから、有色人種だから、という理由だけで不利な判断を返してしまう可能性があるのだ。

こういう問題にどう対応すべきかの議論には、大きく分けて２つの主張がある。１つは、特定の人種や性別の人々などの、差別されている集団とそれ以外の集団に対する結果の差をなるべくなくそうというものである。もう１つの主張は、同じような収入、返済履歴の人に対して同じような判断を下していれば、性別や人種はさほど考慮しなくていい、という主張である。前者は社会的なアファーマティブアクション（積極的差別是正措置）の必要を訴える観点で、後者は実際の返済能力を見る点で、どちらも一見すると公平な判断のように思える。

しかし、この２つの主張が両立するかは、実際にローンを申請してくる人の情報がないと分からない点が多い。例えば、収入が高い人、返済履歴ある人が、白人や男性に多かったら、この２つの主張は両立しない。女性や有色人種を優遇することで返済能力がない人にもお金を貸すことになりうるからだ。逆に、女性や有色人種などの差別されている人と男性や白人への判断を同じにしようとすると、収入が高くてもお金を借りられないと判断される人が出てくるかもしれない。これらの問題がどの程度発生するかは、実際にどのような人がどの程度ローン申請をしてくるかを知るまで分からない。

この例から分かることは、言葉では簡単に主張できる2つの公平性が、数字にした途端に両立できなくなるということである。2つの公平性を考慮するためには、そのためにどちらかを完全に捨てるか、あるいはどちらも一定程度諦め妥協点を探るかという判断をする必要が出てくる。

これらのような、人間の思索を他者との相互作用の中で試し、その形を変えていくという過程は、人間の思索を徐々に人間の手から離していくという過程である。話し言葉を用いた思索は、誰かに伝わるように表現することを目的としなければ、基本的には論理構造すら必要ではない。しかし、文章として表現し、物理法則と相互作用し、数式などを用いて理論化し、コンピュータシミュレーションとして相互作用可能なものに変わっていくと、元は妄想に過ぎなかった思索は完全に人間の他者となる(6)。コンピュータにある条件を入力し、一定の理論に基づいて自動的に計算されて得られた答えは、いったい誰が考えた答えだといえるだろうか。

2-2 ひとり歩きするテクノロジー

単純に人間の思考が他のモノによって拡張されるだけであれば、とくに問題はないかもしれない。しかし、テクノロジーはそれ自体に含まれる開発者の考えを、その開発者が存在しない状況下でも広げていく効果を持っているという点で問題を孕むことがある。飛行機は空を飛びたいと最初に思った人がいないところでも「空を飛びたい」という欲求を自然に人々に与える。公平な判断をするAIはそれをつくった人がいないところでもその人が考えた公平性をそのAIのユーザーに提供している。

この意味で、テクノロジーはアイディアの拡声器にもなる。これは小説や絵画と同じような効果であり、制作者の表現や思索を制作者がいないところにまで拡

図1-1　開発者が考える領域と技術が可能にする領域

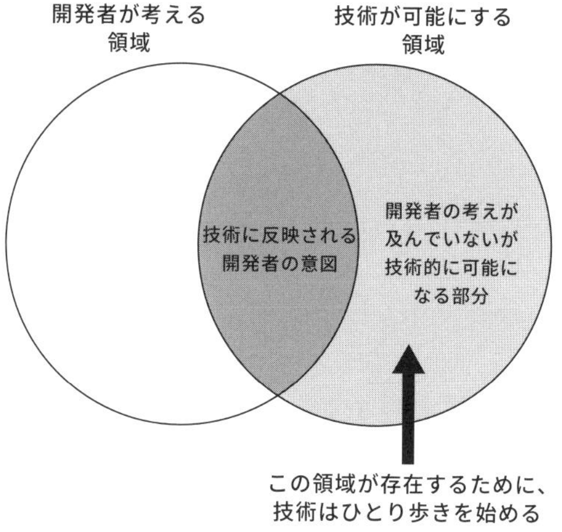

げていくという人工物一般に与えられた性質である。

しかし、テクノロジーによって拡げられる考えは、その構想者の思想をそのまま反映したものであるというよりか、その思想と物理法則や数値、図式等との相互作用の結果を反映したものである。そのためにテクノロジーは「ひとり歩き」を始めてしまう。つまり、開発者のもともとの考えが及ばなかったが技術で可能になった部分もまた拡まっていってしまうということである（図1-1）。

さらに、テクノロジーは実用のために供される点で、他の人工物と大きく異なっている。小説や絵画が主にその表現を楽しむためのものであるのに対し、テクノロジーはその効果を実用的に享受して社会生活を便利にするところに重きがある。この性質によって、技術は他の人工物とは異なって暗黙裡に人間の行動、生活を物理的に規定する効果を持つ。時にその効果は、製作者の意図を離れて発揮される場合がある。それが、テクノロジーがひとり歩きする瞬間である。

技術が完全に人間の他者としてひとり歩きした結果として生じる効果には３つある。１つは、技術のもともとの設計者の意図が予想以上に影響力を持ってしまうという効果である。例えば、10年程度で刷新されると思って構築されたテクノロジーが仮に100年使われたとすれば、それは構想者の意図したのと違う影響を社会にもたらし、ひとり歩きすることになる。卑近な例を挙げると、2022年現在、日本の銀行の基幹システムの裏側ではCOBOLという1959年に生まれたプログラミング言語が使われているといわれている。現在広く使われているC言語（1972年誕生）、C ++（1983年誕生）、Python（1994年誕生）、Java（1996年誕生）などといった言語が生まれるということ自体、1959年には予想されていなかっただろうし、そういった新技術が生まれた後で何十年もCOBOL言語が使われるということを予想していた可能性は低い。しかし、開発者たちの意図に反して、結果的に開発者がCOBOLというテクノロジーの中で実現したさまざまな思想（例えば、自然言語に近い形で記述できる仕様）は、未だに健在である。

2つ目の影響は設計者がまったく意図していなかった副作用である。先ほどのCOBOLの例では、COBOLが長く生き残っているために、銀行の基幹システムのような特定のシステムを扱うエンジニアになる人はみな、この50年代に生まれた言語を学ばなければいけないという副作用がある。大学を卒業して就職した20代が触っている言語は、機械学習のライブラリーなどが充実しているPythonや、計算速度を出せるC言語やC++であって、COBOLを学んでいることは少ない。そのような人でも、仕事で使う必要に迫られればCOBOLを理解する必要がある。最新の技術ではないにもかかわらず、レガシーとして残っているからという理由だけで学習しなければならないのはその個人の側からすれば苦痛だし、会社の側からすると折角雇った新入社員にあまり応用先のない技術を覚えさせるコストがかかるという意味で損失である。これは技術がもたらす大きな副作用の1つだ。

3つ目の影響は、技術によって改善しようとしたことを逆に悪化させる、逆効果をもたらすというものである。科学史家のエドワード・テナー（1999, p.16）は、この効果に報復作用という名前を付けて論じている。COBOLの例を少し離れて、テナーが挙げている、20世紀アメリカの自動車社会の例を見てみよう。1964年、ワシントン環状道路という高速道路が開通した。この道路は開通当初は渋滞を緩和し、人々の時間を無駄にしないための切り札となると考えられていた。しかし、この高速道路は実際の交通量をさばききれるほど大きくなく、しかも高速道路ができたことによって鉄道を使う可能性があった人々を自動車移動に引き寄せてしまった。結果として、高速道路の上の渋滞が問題化し、人々の移動時間をより増やすことになってしまったのである（テナー 1999, p.372）。テクノロジーの設計の仕方によっては、当初意図した結果とまったく逆の結果が訪れることがありうるのである。

2-3　思いもよらぬ利益をもたらすテクノロジー

しかしながら、テクノロジーは予想外の悪い効果をもたらすだけでなく、良い効果をもたらすこともある。予想外に役に立つ事例では、もともと非常に狭い用途を考えてつくられた技術が、広い領域で使われ、より多くの人々に対して効果を持つという流れで起こる場合が多い。例えば、現代社会に欠かせないインターネットという技術はコンピュータ間での通信を行うための技術として開発されたのが始まりである。そこで何を送るか、どのように使うかを細かく想定していたわけではない。最初は主に研究目的で、大学や公的な機関のみが利用可能とされていたものが、90年代に入って商業的な利用に解禁され、その後さまざまな技術やサービスのイノベーションを経て今や生活になくてはならないものとなった（ランダール 1999）。結果として、多くのデータが蓄積され、それを契機としてさまざまな技術開発や生活の利便性が生まれている。他にも、今のPCのキーボードの元になったタイプライターは文字を書けない人や盲目の人が使うことも開発の目的の1つとなっていた[(7)]。

こうした、非常に狭いユーザーや目的のためにテクノロジーを設計することで、逆に多くの人にとって利便性が高いものが生まれるというイノベーションの流れは広く知られ、今や意図的にそうしたイノベーションを創出しようとする考え方が数多く存在する。障害を持った人にも利用しやすい設計をすることで、障害がない人にとっても使いやすいものを生み出そうとするユニバーサルデザイン、経済的に豊かではない国の人々にとって使いやすい製品をつくることで、豊かな国々の人々にとっても利用しやすい製品をつくろうとするリバースイノベーション、テクノロジーの設計の過程で障害者や高齢者、マイノリティといったこれまで疎外される傾向にあった人々を巻き込むことで最終的にでき上がった技術を誰にとっても使いやすい、優しいものにしようとするインクルーシブデザインなどである。これらの時代の流れとともに出てくるさまざまなキーワード・手法群は、すべてテクノロジーの「予想外の利益」をあえて引き起こすために提案されている。

予想外の利益を引き出す時にポイントになるのは、西欧諸国の恵まれた住人や、コミュニティにおけるマジョリティ以外の視点を技術開発に取り入れることだ。これが、少数者や恵まれない人に対して配慮すべきであるという政治哲学的な議論の意味で大事なだけでなく、社会の中で優位な人々や多数派にとっても便益があることがこれらのイノベーションやデザインの理論の重要な点である。あえてリソースが少なく、不自由な環境や、何かの事情で行動や認識に不自由を抱えた人、また、その環境で特殊な専門知識を使うような人をターゲットに絞ってテクノロジーをデザインしていくことで、より一般的な人に享受されるものができやすい。例えば、リバースイノベーションの考え方では、2010年代の社会において、発展途上国においてテクノロジーで商売をするには、単純に先進国でつくられたハイエンドの商品の機能を適当にそぎ落として安くして売ればいいのではなく、その市場を白紙の状態から調べて一から技術開発に取り組むべきであると説いている(8)。

イノベーションやデザインの仕組みとして理論化された影響はすでに「予想外」とはいえないかもしれないが、このように厳しい制限、限られたリソースを持つ環境に合わせたイノベーションを行うことが、より汎用的に利便性の高いテクノロジーの開発につながることが、歴史上何度も繰り返し唱えられている。

人工物はさまざまなやり方で完全には人間の意のままにならない他者であり続ける。そのことを経験的に知っている人間はより大きな枠組みでテクノロジーをデザインしようとする営為を続けてきた。人間とテクノロジーは常に共生の道を探ってきたのである。

SECTION 3 社会と相互作用するテクノロジー

3-1 権力を持つテクノロジー

テクノロジーは人によって意のままに操られているように見えて、生まれた時点で人間の他者であり、かつメリットやデメリットを人に与えてくる。それは人間個人や、小さい範囲に影響を与えるだけでなく、人々の集団、時として社会全体に影響を与え、社会と相互作用する。科学技術社会論の中の技術論と呼ばれる分野ではこの相互作用を分析しようとしてきた。この分野では現在になっても新たな議論が展開され続けているが、ここで、代表的な、人工物の権力論、技術の社会的構成、アクターネットワーク理論（Actor Network Theory: ANT）という３つを取り上げたい。とくに最後のANTは人間と非人間の区別をせずにテクノロジーをはじめとした人工物を分析する枠組みであり、人間との類似性を元に議論されることも多い人工知能技術を考える際に重要な観点を与えるものである。

まず、人工物が政治性を持つという話を紹介したい。ここでいう政治性とは、人工物に対して開発者が意図的、または無意識的に社会構造や個人的な偏見を投影する設計を施し、それによって後世の人間が合理的な行動を行うことを困難にしてしまうというようなことである。とくに、ラングドン・ウィナーという学者によって1980年に書かれた「人工物に政治はあるか（Do Artifacts Have Politics?）」（Winner 1980）という論文が有名である。彼の議論によれば、人工物はその形態によって人間組織に対して特定の構造や変化を要求する。例えば、原子力発電所を動かすには現代の官僚制や科学技術政策、専門家、産業界の構造が必要になるし、農作物の収穫を自動化する機械は多くの農業従事者を失業させ、雇用主と労働者の関係を完全に変えてしまう。

ウィナーが提示する最も有名な逸話の１つに、ロバート・モーゼスという建築家がつくった橋の話がある。アメリカのロングアイランドにジョーンズビーチという公園があるのだが、その公園に続く道の上にかかる橋を設計したのがモーゼスだ。その橋は少し低めに設計されており、普通の車はその下を通行することができるが、バスは通ることができない。ニューヨーク市の中で黒人が多く住む地区からこの公園に行くバスがあるのだが、そのバスはこの橋の下を通れない。ウィナーは、モーゼスが人種差別的な思想を持っていたことに触れ、この低めの橋の設計はモーゼスの人種差別的な思想を人工物に植え付け、橋に対して黒人を差別するという政治を行わせた、と論じるのである。この話には、実際にジョーンズビーチに行く際には必ずしもバスを使う必要がないなど、資料の再検討を通じた修正の必要が指摘されているが（Joerges 1999）、人工物に政治的な影響力を持たせた実例として興味深い。

ウィナーが提起する問題はきわめて示唆的であり興味深い。しかしながら、その政治や権力がどのような人に影響を与えるのか、どうやって人間や社会と相互作用するのかを議論するには、もう少し他の枠組みを検討してみることが必要である。まずは、技術に関係する人はどのような人たちか、というところから迫っていこう。

3-2 さまざまな関連社会グループとのインタラクション：技術の社会的構成

技術論分野の中でも、明示的に、技術に関係する人々について言及しているのが技術の社会的構成（Social Construction of Technology: SCOT）である。SCOTでは、ある技術に関係する人たちの集団を関連社会グループ（Relevant Social Groups: RSG）と名付けて分析している。

SCOTの枠組みで分析された事例として最も有名な自転車の発展の例を紹介しよう。現代の一般的な自転車は、前輪と後輪が同じぐらいの大きさで後輪とペダルがチェーンで接続され、ゴムチューブがタイヤの周りを包んでいる設計である。しかし、昔はそうではなかった。前輪が大きく、後輪が小さく、ペダルは前輪に直接くっついているデザインであり、タイヤが大きいので少しのペダルの回転が大きな推進力になる、という仕組みであった。今でもレトロ趣味の図柄としてたびたび使われるこのような自転車のデザインは、1870年頃イギリスで普及した「オーディナリー」というものである。ただ、実際に今オーディナリー型の自転車を日常で見かける機会はほぼない。なぜこのオーディナリーから現代的な自転車へとデザインが移り変わったのだろうか。SCOTの議論ではその移り変わりが説明される（Pinch and Bijker 1984）。

オーディナリーのデザインには今でこそレトロな印象のみがあるのだが、もともとこのデザインは自転車の速度を増すためのものであった。前輪に直接ついているペダルで速く走るために前輪の直径自体を大きくしたのだ。当時の自転車の想定ユーザーである若い男性が自転車に乗ることをスポーツとして捉えていたため、速度を増すことが自転車のデザインの中で重要視されるといわれている。一

図1-2　SCOTにおける自転車の形態に対する関連社会グループからの見方の差

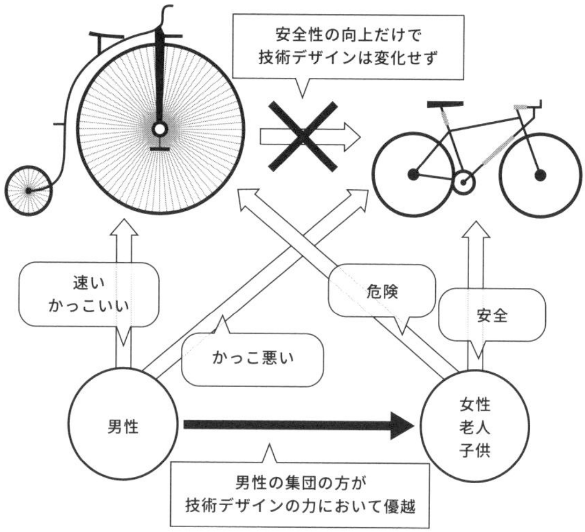

方で、女性、老人、子どもといった人々の集団にとってはオーディナリーはサドルが高く安全ではないと思われ、利用されることは少なかった（図1-2）。

その後、後輪にギアがついて前輪が小さくなった自転車も出たのだが、現代的な自転車が普及した理由はゴムタイヤの出現がきっかけであるといわれる。ゴムタイヤが出現したことにより、現代的な自転車は安全であると同時に、スピードが速いものとして認識されるようになった。これによって、女性・老人・子どもの集団にとってはサドルが低くなったことで安全性が高まったと認識され、男性のグループからはより速く移動できる乗り物であると認識された。この双方のグループにとって前後輪が同じ大きさの自転車のデザインがメリットの大きいものであると認識されたことによって、現代型の自転車が広く普及するようになっていったというのである。

SCOTの議論は、これらの流れを、関連社会グループの間の問題の再定式化、解釈の柔軟性、議論の終結、技術の安定化、といった一連の用語を使って記述するところにポイントがある。前述した自転車の物語は、SCOTの用語を用いると、「関連社会グループ」間での安全性の解釈に衝突があり広く利用されなかったオ

図1－3 自転車に関する問題の再定式化、解釈の柔軟性の発生、技術形態の安定化

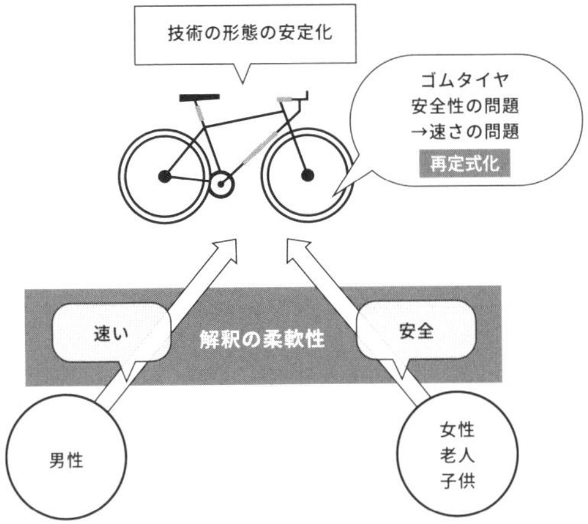

ーディナリー型の自転車が、若い男性からはスピードを出すためのもの、そのほかの集団からは安全性を確保するためのものという「解釈の柔軟性」を持つゴムタイヤの出現によって安全性の問題がスピードの問題へと「再定式化」され、結果として安全性とスピードの相克というオーディナリー型の自転車についての議論が「終結」し、現在の自転車の形に技術の形態が「安定化」したと説明される(図1－3)[9]。

SCOTの議論が面白いのは、ある技術に関係する人々の集団として、技術に対して同一の解釈を持つ集団を関連社会グループとして切り出し、さらに技術の影響力によって関連社会グループの構造が変わっていく所を描写する点だ。自転車の例では、男性、女性、子ども、老人という関連社会グループが考えられていたが、自転車以外のテクノロジーであればこのグループも変化するし、同じ自転車でも自転車の形態が違うもの――例えば、マウンテンバイクやクロスバイクのような何らかの目的に特化したもの――であれば、違う集団が関連社会グループとして抽出されるだろう。

例えば、本書のテーマである人工知能の分野では近年、倫理的な問題に関する議論の高まりなどから法規制に関する議論も起こるようになり、関連社会グループとしてAIを規制の対象と見なす法律家やロビイストの団体が現れてきている。しかし、テクノロジーの重要な関連社会グループに法律家・ロビイストの集団が出現することはあまり当たり前のことではない。例えば、人工知能という言葉が生まれた1960年代当時には、その影響範囲が小さいことからまだ法規制に関する問題が大きく取り上げられることは少なく、法律家やロビイストは関連社会グループとはなり得なかっただろう。さらに、現在の機械学習等のデータドリブンなAI技術が一般的なものになっていなければ、その関連社会グループの内容は違うものになっていたと考えられる。AIの倫理的な問題はデータの規制、プライバシーの問題の指摘、公平性の問題など多様であるが、これらの問題が出現することは当たり前ではない。AIに関する関連社会グループを定義し、分析することは、こうした当たり前ではない状況がどうやって生まれたかを分析することにもつながる。

今後AI技術に対して果たしてどのような解釈の柔軟性が生まれるのかは分からない。今後どのように技術がつくられていけば、また人間がどのようなことを新たに学べば人間とAI技術がうまく支え合うことができるのか、その道筋を示すことが必要である。それは、ある意味でAIに対して新たな解釈の柔軟性を提供しようという試みでもある。

3-3　人間とモノの同一視：アクターネットワーク理論

次に紹介したいのは人間と人間以外のモノを等価な「アクター」という存在として扱う理論、アクターネットワーク理論（Actor Network Theory: ANT）である。この不思議な議論は、もともと科学研究の場に対する文化人類学の文脈から生まれた議論だが、現在、哲学やデザイン論などの幅広い分野で参照されている。ここまで紹介した技術論の議論の中で一番広い影響力を持つものだ。

ANTでは、テクノロジーなどの人工物を含めた「モノ」も人間同様、意図を持って人間と働きかけあっていると考えられている。例えば、住宅街にあるわざと蛇行するようにつくられた道は、車の運転手に減速を促す働きをしてくる。こうした人工物の働きはまるで人工物が人間のように意図を持っているかのようである。この意味でANTは人間と人間以外のモノを十把一絡げに、影響を及ぼしあう「アクター」として扱う。

ANTがわざわざこのような考え方をとる理由は、あるアクターが起こす現象を、そのアクター自体だけでなく、その周囲を取り巻く人間、人工物、社会的な制度のネットワークの中で理解することを試みるためである。こうすることで、技術を中心としすぎる、あるいは逆に社会を中心としすぎる説明を避け、物事を単純化せずに理解することができる。

ANTでは、もともとは同等の存在であるはずのアクターに人間／非人間といった区別をつくり出すプロセスを「純化」と呼び、逆にそれらが混ぜ合わせられる過程を「翻訳」と呼ぶ（ラトゥール 2008）。翻訳は、あるアクターが他のアクターの意味付けを変えることで、他のアクターがネットワーク全体の中で持つ位置を変更するという行為を示す概念である。

有名な例では、「真空」という現象が実在するかどうかについて、17世紀に起こった論争がある。宗教的・思想的に真空を信じるべきではないとする人々と、実験を積み重ねることで真空の存在は示せる、とする実験主義者の立場の間で論争が巻き起こった。結果的に我々が真空の存在を事実として認識しているのは実験主義者の知識の正当性への態度がそれぞれ人間社会と非人間的な自然の在り方を「純化」した結果だとされる。また、この純化の背後で、ロバート・ボイルら実験家や実験装置を起点として真空という現象自体を含む多様なアクターの位置づけが変えられていく「翻訳」が行われたといわれる[10]（ラトゥール 2008, p.32；久保 2019, p.171）。

この例に見られるように、純化と翻訳は相互作用しつつなされるとされ、世の中のすべての物事や概念（地下鉄、机、鉛筆、銀河系、ヒト、著作権制度、校則、ウナギ…）はそのネットワークの中のものだとして理解される（ラトゥール 2008）。しかし、純化された結果を後から見ることはたやすい反面、翻訳の作用は時として見えなくなる。なぜなら、論争が終結した後のある知見は、その後の世代において必要不可欠で迂回不可能な点としてブラックボックス化されるからである。現代の科学において、真空が存在するという事実だけが必要なのであり、その事実に到達するためにいかなる困難が生じたかをありのままに知ることはさほど重要ではない。ANTではなぜ翻訳作用が見えなくなるのかということを議論することで、科学技術とそれを含むハイブリッドなネットワークに対する分析を加えていくのである。

人工知能の議論では、なぜ人間ではないはずの機械を人間のように見なし、「人間を超える」、「人間と敵対する」と考えて恐れるのだろうか。そこには、人工知能というアクターを非人間ではなく、人間として純化していく作用があるのではないだろうか。であるとすれば、そこに生じている翻訳とはいったいどのようなものだろうか。こうしたことを探ることで、現在の人工知能をめぐる言説の根拠や原因を明らかにできるのではないだろうか。本書では直接 ANT を用いて AI 技術を分析することはしない。しかし、人間とは本来違う性質を持ったアクターであり、他者であるはずの AI が、人間の比喩として表現され類似のものとして考えられることは、ANT の枠組みからも特殊な事例である。

（1）「知は力なり」、つまり知識＝物理的な力の作用であるという言葉が生まれた背景には、アリストテレス以降、思弁的に考えることで新たな知識が獲得できるという考え方が一般的であったということがある。ベーコンの考え方はそうした考え方に反して、知識の獲得にモノの利用、身体性を必要とする、という点で新しかった。ベーコンは、人間が自分の身体や頭脳によってもたらされている制限や、社会的・心理的に培ったバイアス（イドラ）を超えて真の知識にたどり着くには、物理的な力、因果関係を観察することが必要であるということを説いたのである。

（2）特殊相対性理論が純粋にアインシュタインの個人的直観を基につくられたかどうかについては、科学哲学的な議論がある。個人的な直観に基づいていたとしても、アインシュタインはその直感を採用する際に多くの客観的証拠を知っていたために特殊相対性理論を構築することができた（安孫子 2004, p.210）。

（3）科学的な説明と非科学的な説明の境界は科学哲学的には非常に曖昧である。ここでは、天に雨乞いをすることで雨が降ったり、神が怒っているために天災が起きるというような世界観を指して科学的ではない説明と述べている。

（4）他にも、建築技術では、20世紀前半には、丈夫な材料を使い、安全なはずの工法を用いたにもかかわらず、巨大で複雑な組み合わせになった時の加重計算が行えず、工事の途中で崩れてしまい、何十名もの死者を出した鉄骨の橋があった（ファーガソン 2009, p.230）。他にも、コンピュータによって設計したものの少しの積雪で崩れてしまう体育館の屋根、流体力学の知識が欠如していたために横風からの力を制御できずにたちどころに崩れてしまう吊り橋など、さまざまな問題のある建造物が存在した。現在ではこのような建物ができることは考えにくいが、それはなぜかというと実現場でのこうした蓄積から、現実に機能する構造物に対する洞察が日々深まっているからである。

（5）例えばルートヴィヒ・ウィトゲンシュタインは言語の限界を大きなテーマとして論じている（『論理哲学論考』（ウィトゲンシュタイン 2003）の４・001―４・128）。倫理学者の永井均は、言語と現実世界の関係を写像に見立て、その写像関係自体を言語で表せなくなるという言い方でウィトゲンシュタインの議論を解説している（永井 1995, p.59）。

（6）技術に習熟したエンジニアは自然言語で話していたとしても、その言葉と技術的なサブセットの間の乖離が少ない。なぜなら彼・彼女らは要素技術や基本的な理論に習熟し、与えられた技術的道具立てで達成可能な最大限の結果を予想することができるからだ。これは彼・彼女らがテクノロジー側の目線に立って思考を行うことができることを意味する。しかし、こうした要素技術のブロックを積み上げる形式の思考を超えて技術の要件、またはビジョンを考えていこうとする時には、技術に精通したエンジニアや研究者であっても自身が表現する思想と自身が研究開発する技術の間にはギャップが生まれる。

（7）タイプライターの原型を初めて商業生産したラスムス・マリング＝ハンセンはデンマークの聾唖学校の校長であったことでも知られている（Malling-Hansen Biography by Arild S. Ebbe: http://www.malling-hansen.org/rasmus-malling-hansen/malling-hansen-biography-by-arild-s-ebbe.html 2022年 2 月11日閲覧）。

（8）リバースイノベーションの提唱者、ビジャイ＝ゴビンダラジャンは著書の中でさまざまな例を挙げている（ゴビンダラジャン，トリンブル 2012）。あるアメリカの農機具メーカーの例では、インドのトラクター市場への参入を目指し、当初アメリカと同様の巨大な農地を耕すためのトラクターを現地向けにアレンジすることで市場を開拓しようとして失敗した様子が描かれている。最終的には、同社はインドのトラクターに必要とされる要素である、見た目の頑丈さ、アメリカの10倍以上といわれる稼働時間、家族の移動手段としての利用可能性などを考慮し、まったく新しい製品を厳しいコスト制限の下でつくり出す必要があった。しかし、こうした条件のもとでつくり出されたトラクターのいくつかの要素はグローバル展開が可能であり、より広範な地域で使えるイノベーションとなったというのである（ゴビンダラジャン，トリンブル 2012, p.189）。

（9）実際には、用語を使うだけではなく技術が直線的に発展したわけではない、ということを詳述するのも SCOT の重要な役割である。

（10）もう少しこの例について詳述する。例えば、現代では長いガラス管の中に水銀を入れて、それをひっくり返すとガラス管の上部に空間ができ、その部分が真空になっているということが知られている（トリチェリの真空）。しかし、真空が実在するかが議論になっていた時代（17世紀）は、真空はまだ実験によって確かめられると認められたものではなかった。「物体が存在しない実体」を宗教的・思想的に信じるべきではないという主張を主に行っていたのは『リヴァイアサン』を著したことで有名なトマス・ホッブズである。一方で、高校化学で習うボイルの法則（等温下で気体の体積が圧力に反比例する法則）で有名なロバート・ボイルを中心とする実験主義者は実験を積み重ねることで真空の存在を示そうとし、この両者の間で論争が起こった。ホッブズ側は、理性的な人間が認識できる論理の積み重ねだけが知識としての正当性を持つ、という態度をとり、ボイルらは人間の独断をできる限り排除した実験結果の積み重ねが知識としての正当性を持つという態度をとった。

Chapter 2

人工知能の思想

本チャプターでは、AIをつくるというモチベーションがどのように醸成され、人工知能技術の解釈を決定づけていったかを見ていきたい。前チャプターで見たように、技術に対して意味を与えるのは人間である。そして、技術は多様な人々からの受容や解釈のプロセスをたどりながら発展していく。現代社会を生きる人間がAI技術なしにできないことは多くある。その意味で、AI技術は人間に対して大きな利益を与えている。では、この利益は技術のどのような解釈に影響されているのだろうか。

SECTION 1 人工知能の歴史

AI[1]のこれからを論じるにあたってAI技術の今までについてもおさらいしておきたい。AI技術の歴史を紐解くことで、現代的なAI技術においては何が革新的だと思われているのかが分かってくるだろう。まずは人工知能をつくろうとするモチベーションから紐解いていこう。

1-1 人間とは何かを考える

人工知能をつくることは人間の手で「人間のような知能」をつくろうとする営みである。AIをつくるモチベーションには2つあるといわれている。1つは人間に成り代わる機械をつくって世の中に役立てることである。基本的に機械学習をはじめとしたAI技術を扱う研究者は、人間にできること、あるいは人間の能力を超えたことも機械にできるようにしようとしている。それにより人間の生活や、労働をよりよいものにすることが彼・彼女らの研究の動機である[2]。

もう1つがAIの研究開発に取り組むことで人間のように考える機械をつくると同時に人間のことをより深く理解しようというアプローチだ。この考え方は構成論的アプローチといわれる（橋本 2002）[3]。人工知能が誕生した1960年代からこの2つはどちらも同等に人間のような知能をつくるためのモチベーションとして存在してきた。

昨今ニュースなどで話題になるAI技術はどちらかというと人間を支援するものをつくろうとするという前者の動機に基づく。この動機に基づき、特定の「タスク」をいかにうまく高い精度でこなすか、ということが研究され、そのためにさまざまな方法が試されている。「タスク」とは、例えば画像の中から特定の物体を認識する、音の中から特定の音声を抽出する、自然言語を認識して翻訳や要約を行う、といった機械学習で解く課題内容のことだ。同じタスクが実現できるならばAI技術が人間の脳と同じような仕組みを持っていることは必要ではない。多様なタスクを効率よくこなす技術をつくるために、ディープラーニング（深層学習）などのさまざまな機械学習手法を含め、多くのテクノロジーが考案されている。

後者の構成論的アプローチによる動機も、人工的に生命のようなものをつくり出せないかを研究する複雑系の研究や、社会の動きを多様なエージェントの動きの法則としてシミュレートする社会シミュレーションといった分野の基本的な考え方になっている。他にもロボットに人間の動きを学習させようとする研究など、さまざまな研究が構成論的アプローチの動機のもとに行われている[(4)]。

本書では構成論的なアプローチや知能とは何か、ということに深入りするのではなく、データに基づいて推論を行う現代のAIと我々の社会がどのように相互作用し、どのような影響を持つかを考えていく。

1-2　推論が人間の本質？：人工知能登場直後

ここで、簡単にAIの歴史をたどっていきたい[(5)]。人間の知能への理解や学習という行動を理解することがそれまで人間にしか解けなかった問題を機械が解くことを可能にすることにつながるであろうという信条のもと、人工知能という名前が誕生しAI研究は始められた。まず、初期のAI研究では、人間の知能の本質が推論や探索であると考えられた。人工知能（artificial intelligence：AI）という名称は1956年に開かれた複数回にわたるワークショップであるダートマス会議の提案書（McCarthy et al. 2006）の中で使われたのが初出であるといわれている。この会議では専門家が集中的に議論を行えば今まで人間に解けて機械に解けなかった問題について大きな進展が得られるだろうという目論見の下、二カ月にわたって人工知能分野の専門家による議論が重ねられた。ここで議題に上がった問題は自然言語を機械も処理できるようになることや機械が創造力を持つことなどで、これらに関しては今でも研究が続けられている(6)。

この会議以降、それまですでに続けられていた知的なタスクを行う機械の研究開発は進められていった。有名なところでは、ダートマス会議が行われたのと同じ1956年に、チェッカーというボードゲームをプレイするAIが開発され、さらに数学の定理を証明するロジック・セオリストというAIが1955年から56年にかけて開発された(McCorduck 2004)。ロジック・セオリストは『プリンキピア・マテマティカ』の中のいくつかの定理を証明し、その中には元の証明よりもエレガントなものも含まれていたという(McCorduck 2004, p167)。

これらのAIはすでにかなり難しい問題を解いているようにも感じられる。しかしそれらのAIの仕組みは基本的に考えられる選択肢をしらみつぶしに探索していくような比較的単純なものだった。例えば、チェッカーをプレイするAIでは現在の状態から移行できる盤面を探索し、それぞれに対して点数をつけることで最善の手を選ぶように設計されていた(Samuel 1959)。こうした、探索に基づく推論によって人間が行えるタスクを機械で実現しようとしていたのが、いわゆる第一次AIブームの時代といわれる、AI誕生からの数十年間であった。

しかしながら、当時のAIが解ける問題はごくごく小さな問題、トイプロブレムにしかすぎず、次第に分野自体が縮小していった。その理由としてコンピュータの能力の限界や、しらみつぶしにする組み合わせが少しでも増えると指数関数的に手数が増え、すぐに天文学的な量の手数を計算しなければならない事態に陥る「組み合わせ爆発」の問題などがある。そのほかにも、ライトヒル報告書('Artificial intelligence: A general survey')(Lighthill 1973)と呼ばれるイギリスのAI研究に関する報告書で1973年にAIは当初の壮大な目標を達成していないと指摘される、アメリカの学術機関である全米研究評議会NRC(United States National Research Council)が機械翻訳の進展のなさから資金提供を打ち切るなどがあった。こうして、最初のAIブームは終わった。この後、AI研究は「冬の時代」と呼ばれる時代を迎える。

1－3　専門知の移植への挑戦：第二次AIブーム

人工知能の冬の時代が到来して少し経った1980年代に、第二次 AI ブームが訪れたといわれている。実用的に企業で採用されるようになった「エキスパートシステム」と呼ばれるテクノロジーや、日本で進められた第五世代コンピュータプロジェクトを契機としたブームである。

エキスパートシステムは、大まかにいうとさまざまな専門職の持つ知識を、「○○ならば□□する」という if-then ルールに従って記述することで、人間の専門家ができる仕事を AI も行えるようにしようとしたものだ。最初のブームではトイプロブレムのみしか解けないとされていた人工知能に人間の知識を教え込むことで実世界の課題に対応できるようなテクノロジーがつくられた。

例えば、MYCIN という病気の診断システムが有名である。このシステムでは、患者の状態を症状ごとに分けていって、病名や原因を特定するようなプログラムが組まれていた。こうしたエキスパートシステムは、例えば簡単な問い合わせに答えるチャットボットのように、未だに使われている例がある。

また、エキスパートシステムの隆盛と同時に、日本をはじめ、アメリカ等の国々で人との対話や機械翻訳、人間のような推論などといったタスクを実現するための投資が行われ、資金が AI に集まってくることになった（McCorduck 2004, p.426）。

しかし、この頃のテクノロジーにもやはり限界があった。エキスパートシステムは、確かに人間が明言できる知識を教え込むのには向いていたが、それだけで人間の専門知や判断を完全に模倣できるわけではなかった。人間の行動や判断基準は必ずしも人間が明に意識しているものだけではなく、自分でもうまく言えない勘のようなものも多く含まれているからだ。人間の決定には文章や条件式で表すには複雑すぎる概念や手順を含むような暗黙知が多く含まれ[7]、それが人間の仕事の中で決定的な役割を果たしているのだ。

例えば、あなたは犬の写真を見てなぜすぐ犬だと分かるのだろうか？ 顔つきが猫よりもシャープだからだろうか、目が違うのだろうか、口だろうか、耳だろうか。はっきりこれが理由である、と言える人は少ないのではないだろうか。それでも人は犬を見て犬だと分かる。If-then ルールを教え込むエキスパートシステムの AI 技術にはこのはっきりとした理由は分からないが人間ならば判断できる、という判断ができなかったのである。

こうした人間の暗黙知を一般的な環境でうまく定式化できないことや、AI 専用ハードウェアが、当時普及し始めたパーソナルコンピュータの一般用チップに座を奪われて市場が縮小したことなどを原因に（McCorduck 2004, p.435）、AI ブームは再び下火となり「冬の時代」が到来した。

SECTION 2 ディープラーニングの時代

2-1 ディープラーニングのインパクト

2 回目の冬の時代のあと、2010年代に入って現在の AI ブームが訪れた。今の時代に AI と呼ばれるものの中心はデータを基に統計手法やモデルを用いて分析するデータドリブンな技術である。これは画像や音声や表データといった入力を分析・学習することでデータの分類やクラスタリングといったタスクを行う技術群だ。If-then の条件式で書けるような推論や意思決定の限界が示された後、人間が記述できない意思決定根拠もデータから自動的に読み取れるようにしようとするアプローチである。

データドリブンな AI 技術において観測可能なデータはすべて学習用のデータとして利用できる。そのため、人間がどうやっているか明言できないようなタスクをどのように実行すればいいか分析したり、考慮されている変数の重みの微妙な違いを抽出したり、人間の認知では扱いきれないほどの多次元データの分析を行うことが可能である（8）。人間が明言できるよりはるかに多くの意思決定の潜在的な要因を分析できるようになったことが大きなインパクトを持った（9）。

このデータドリブンのアプローチの限界として、長らく指摘されてきたのが特徴量抽出の難しさである（松尾 2015）。例えば写真のデータの中に何が写っているかを識別するモデルをつくろうとする。この時に、全ピクセルのカラーを数値化してクラスタリングのアルゴリズムに入れたとしても、意味のあるクラスタが得られる可能性は低い。仮に画像の中から犬を見分けたいのであれば、まず犬の画像群と犬以外の画像群にラベルを付けてモデルを学習をさせる。しかし、画像の中のどこに犬が写っているかもさまざまであり、色も多様である画像群をどのように学習させればいいかは難しい。仮に1ピクセルごとの濃淡を数値にして行列をつくり、それをそのまま訓練データとして学習してもいい結果は得られないだろう。

つまり、観測可能なデータであればどのようなものでもAI技術に学習させることは可能だが、その学習のさせ方はよく考えられなければならず、その中でも何をそのデータの特徴として考えるかの「特徴量」が決まっていないと、AIのモデルをつくったところでほとんど使えないものができてしまうということである。そして、その特徴量は従来では人間が設計する必要があった。犬の識別であれば、目、口、耳がこんな感じであるとか、全体的に丸みが少ないとかといった内容である。これは人手がかかる話だが、それでもそれまでのAI技術に比べるとはるかに精度や分析できる内容が増えたことは事実であった。しかし、もともと人間のような知能をつくるのが目標であったことを考えると、まだまだ不十分であった。

そんな中、ディープラーニング（深層学習）による特徴抽出が効果的であることが論文やコンペティションで示され始め、状況が変わってきた。これが、2012年からだんだんと現在のAI技術の流行が始まった契機となった。とくにトロント大学のチームがAlexNet（Krizhevsky, Sutskever and Hinton 2012）と呼ばれるモデルを用いて、2012年に行われたImageNet Large Scale Visual Recognition Challenge（ILSVRC）という画像の識別コンペで優勝した（Stanford Vision Lab 2012）ことが大きな契機の1つとして挙げられる。このコンペでは、1万以上のカテゴリが付けられた1,000万枚の画像データを訓練データとして使用し、新しく与えられた画像を判定する精度が競われる。トロント大のSuperVisionチームはクラシフィケーション（分類）のタスクで2位以下に誤認識率10％程度差をつけて圧勝した。

その後、Googleの研究チームが猫や人間の顔の特徴を自動で認識するニューラルネットワークのモデルをつくったと発表し、世の中の期待感を誘う（Le 2013）[10] などし、瞬く間にディープラーニングという技術はバズワードとなっていった。ディープラーニングでは基本的に特徴量抽出を人手を介さずに行うことができるようになっており、これらの発表には大きな意味があった。

この後は、囲碁の世界チャンピオンにGoogleのAlphaGOというAIシステムが勝利したり、自動運転車への応用が進んだり、そのほか多くの企業が実利のため、あるいは話題づくりのためにAI技術を利用した施策を打とうとし、ニュースリリースをこぞって出し、機械学習エンジニアの雇用市場での価値は青天井となる、といった状況に進んでいった。2022年現在、この流れは感覚的には前ほどの勢いはないようにも感じられるが、ブームが終わるのでは、という危惧が時折語られるものの、決定的なブーム終了を決める出来事はなく、AI技術は我々の社会に溶け込んでいるように思われる。

2-2 特徴量抽出への期待

さて、技術論的に考えると、今回のAIブームが起こった原因は技術的な内容だけが理由なのではなく、さまざまな社会状況の中で技術に対する見方が変わったことによるものであるといえるかもしれない。例えば、AIブームの直前にはビッグデータ、データサイエンスのブームがあった。こうした技術関連のブームの中で、社会が次の投資先を探している中でうまく波に乗った可能性がある。

例えば、技術のトレンドをハイプサイクル[11] として毎年発信するGartner社の分析を見てみよう。このハイプサイクルにおいて、文言として「ビッグデータ」が現れたのが2011年（Cuccureddu 2011)、「データサイエンス」が現れたのが2014年（Gutierrez 2014)、「機械学習」が現れたのが2015年（Thompson 2015）である。興味深いのは、機械学習や人工知能という言葉がはっきりと表れるのは2015年以降なのだが、それまでにも自律走行車や音声認識（どちらも2010年のハイプサイクル上に書かれている（Carpenter 2010））のように、AI技術の応用例については度々ハイプサイクル上に出現しているということである。つまり、もともとは応用先が技術分野として取り上げられていたが、AIがブームになるにつれその要素技術自体が主要な技術だと認識されていったということである。それ

図2-1　データに関するブームの流れ

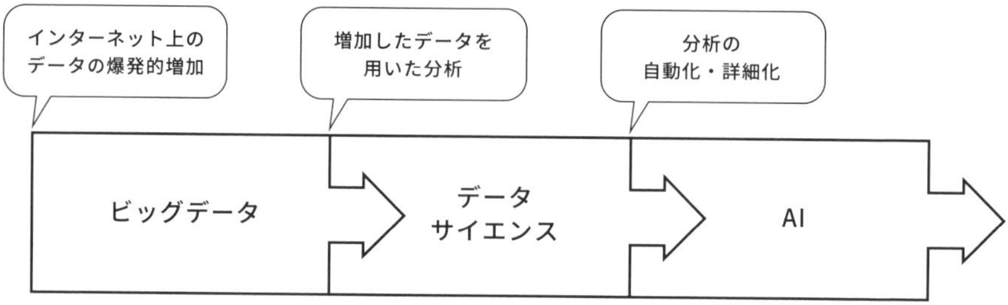

までも存在していたものが突然ブームになるというのはこういうことなのかもしれない。

この、ビッグデータ → データサイエンス → AIの順番にブームになるという流れは、インターネットの普及や2000年代のWeb2.0の潮流以降のSNS、動画共有サイト、検索エンジン上で情報の集約が進み、過去のどの世代よりもデータが集積する時代となった結果、そうした巨大なデータ自体がブームになり（ビッグデータのブーム）、それを分析するということがブームになり（データサイエンスのブーム）、そしてその分析を自動化するブームとしてAIブームが訪れた、として捉えることができる（図2-1）。

この社会的な流れにあわせて、技術論的にAIブームを考える際に注目したいのが、特徴量抽出という技術がポイントとなって、どのように研究者を含めた多様な社会集団のAI技術に対する見方が変化したかということである。

特徴量抽出の議論は研究者によってどのように捉えられていたのだろうか。例えば、特徴量抽出の議論が、人間の知識獲得と結びつけて語られる場合がある。日本でのAIブームが徐々に本格化する2015年に出版された『人工知能は人間を超えるか：ディープラーニングの先にあるもの』（松尾 2015）の中で、AI研究者の松尾 豊 氏は、AI技術が人間のように自律的に動く知能としての真の人工知能にたどり着くために解決する必要があるといわれる有名な問題である、フレーム問題[(12)]とシンボルグラウンディング問題[(13)]を挙げ、これらの問題を解決するには特徴量抽出がカギになる旨を述べている。同書では、人間の手を借りずに「世界からどの特徴に注目して情報を取り出すべきか（松尾 2015, p.139）」が分かれば、これらの問題が解決すると述べられる。これは機械学習における特徴量抽出を自動化するということと同じであり、そのために、コンピュータが与えられたデータから注目すべき特徴を見つけ、その特徴を表す「特徴量」を得ることができればこうした問題は解決する、と語られている。

さらに同書では、フェルディナン・ド・ソシュールの記号表現を意味するシニフィアンと記号内容を表すシニフィエの議論に触れ、コンピュータがデータから特徴量を取り出し、シニフィエ（概念）を獲得し、それにシニフィアン（名前）を与えることがいずれ状況や目的に合わせた適切な記号をコンピュータがつくり出すことにつながり、知識の獲得・活用につながる、と述べられている[14]。もちろん、同書でも深層学習が実現すれば真の人工知能が誕生すると考えることは短絡的すぎると断られているが、特徴量の獲得が知識の獲得につながるのでは、と予想する議論が展開されている。

特徴量抽出が持つ工学的なインパクトとして同書で語られている内容は的確である。工学系の研究では新たな技術的な概念や手法の潜在的な可能性を示すための最小限の実験を設計することが求められる。今後、自律的なエージェントとして振る舞う人間のような人工知能をつくろうとする時、特徴量抽出技術が人間の概念獲得プロセスの最小単位として考えることは、将来必要になりそうな人工物を予想し、その可能性を切り拓く（筆者を含めた）工学研究者にとって有意義である。

一方で、学術界以外の社会一般にとっての特徴量抽出はどのように考えられるだろうか。深層学習が実現したさまざまな偉業を考えると、十分なデータさえあれば特定のものをデータの中から判別するというタスクに対して深層学習は一定の効果を上げたことになる。これは深層学習が有効に機能するAI技術であるということ、60年代のAIのように実際に使えそうな問題になるとたちどころに組み合わせが爆発するなどして使えなくなるということはないことを意味する。したがって、深層学習技術を中心とした機械学習技術は実環境でも使えるところでは使える技術として世の中に広く受け入れられていった。先ほど述べたビックデータやデータサイエンスのブームもこうした技術の受容を助けることになった。そして、このように、学術界からも実社会からも期待をかけられた特徴量抽出技術を中心としたAI技術に対しては企業からも公的な機関からも研究費や予算がつけられ、市場が活況を呈するようになっていった。

図2-2　特徴量抽出技術による翻訳の効果

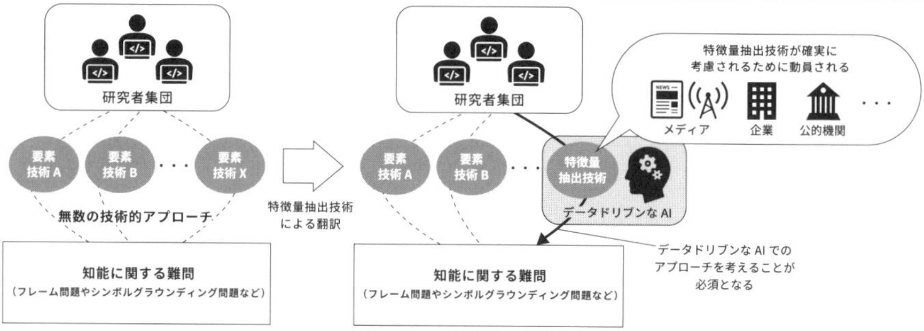

2-3　技術への期待の技術論的考察

こうした流れを前のチャプターで紹介した技術論的な枠組みであるアクターネットワーク理論（Actor-Network-Theory：ANT）や技術の社会的構成（Social Construction of Technology：SCOT）の観点から考えてみたい。

例えば、ANTの観点からは次のようなことがいえる。今AIが流行している理由は、特徴量抽出技術という「アクター」が、研究者集団からの技術に対する見方を変えさせたためである。特徴量抽出技術は自身がフレーム問題やシンボルグラウンディング問題といったAIの研究上の困難な問題の解決の端緒になる期待感を研究者に抱かせ、データの中の特徴量抽出が人間の概念獲得の能力の肝であるようにその技術自体の効果を翻訳した（図2-2）。こうした翻訳を通じて、特徴量抽出技術は技術的な議論を人間の知能とは何かという議論と接続させ、研究者集団、メディア、研究費を拠出する企業や公的機関を動員することで、AI技術が現代社会の技術的課題解決において一度は検討されるべき技術という位置を確立した。これは、より広い視野で見ると、AI技術自体の存続につながったのではないだろうか。

一方、SCOTの議論からは次のように記述できる。もともとAIの冬の時代では人間のような知能をつくりたいというAI研究者の動機は社会から重要視されていなかった[15]が、特徴量抽出技術が現れたことにより、AI研究者からすると概念獲得の問題が解決されると考えられ、社会一般からするとそれまで人手で

図2-3　特徴量抽出技術による再定式化と、技術の影響の安定化

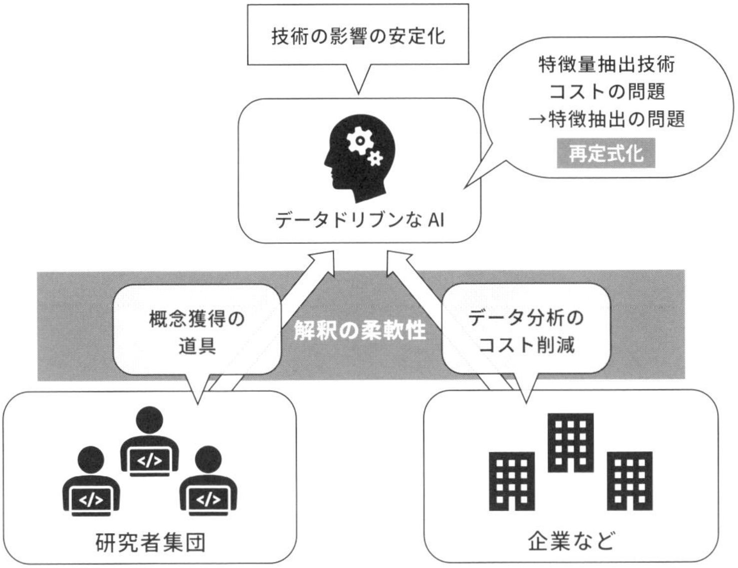

行う必要があったビッグデータ分析のコスト削減のための技術と認識されることになった。ここに、1つの技術に対する複数の解釈（解釈の柔軟性）が生まれ、それによって複数の集団の異なる目的にとって都合がいいと認識されたため、データドリブンな機械学習という技術の形態が安定化するに至ったのである。それまでデータサイエンティストがやるべきと考えられていた統計解析を機械学習のモデルを用いることでできるようになるとすると、経済的コストの問題が的確に特徴量を抽出するという問題に再定式化されたことになる（図2-3）。AIという技術が、現状、データドリブンなものをベースにするものとして一時的に安定化したようになっている[16]のは、こうした解釈の柔軟性が与えられることでAIがうまくいくかどうかという議論が一時的に収束しているからだと考えられる。

SECTION 3 人間の他者である人工知能を社会の中で受け入れるために

3-1 自律的な人工知能の人間に対する他者性

現在のAI技術の形態は比較的安定化しており、学生を含め、AI研究に携わる人々は増加の一途をたどっている[17]。そのため、AI研究者にも多様な人がいる。本チャプターの冒頭でも述べたように、構成論的アプローチを究極的な目的として考える人もいれば、単純に精度向上を狙う研究者もいる。

ここで1つ考えてみたいのは、人工物として実現された「知能」が構成論的アプローチ的な意味で人間や実際の自然現象を表すことができるか、ということである。もちろん、AI技術の中でよく話題になるディープラーニングも人間の脳にインスパイアされた技術であって、現代の技術が構成論的アプローチの恩恵を受けていることは間違いがない。深層学習も完全に脳をシミュレートしたり模倣したりする域には達していない（中島 2015 p.87）が、それでも人間の脳や自然物に迫っていくために人工物をつくるということは技術的には一定の効果がある。

一方で、人間の知能、ないし自然を探求しようとする従来の科学観からすると、構成論的アプローチの見方は特殊である。先に触れたように、フランシス・ベーコンは自然を理解するためには思考を巡らせるだけでなく、実験などを用いて身体や道具を用いて自然をある程度拘束することが必要であると説いた。その後、観測や計測機器を用いて自然への介入が進められ、自然現象は次第に数値データに還元されて分析可能となり、現代の科学研究のさまざまな基盤がつくられた。

構成論的アプローチはこの方向とは異なるアプローチである。構成論的アプローチが行っているのは、人間が行うさまざまなタスクを高い成功率でクリアする技術をつくり、そのタスクうまくこなされるのであればその仕組みが人間の知能に近いものである、と仮定するということだ。なぜそれがうまくいったのかの分析は実際にうまくいった後で行われる。直接に自然現象を解き明かすのではなく自分たちでなぜかうまくいく「何か」をつくる点で構成論的アプローチは通常の自然科学とは方向が異なる。しかも、何かを実現するための方法や機構は一通りではないため、あるタスクを人間のようにこなしたとしても、その機械の内部の機構が必ずしも人間と同じようになっているという保証はない。

つまり、構成論的アプローチを通じてでき上がっていく知的なエージェントも、やはり、もちろん人間とは異なる知性を持った存在であるということである。これがここで注意したいことだ。

今、筆者が言おうとしていることを次のような物語のアナロジーとして表現したい。ある時、地球語を話さない宇宙人が突然やってきて、特殊な仕事をものすごく高速で処理してくれるようになったとする。その仕事は、大量の画像から特定の対象を認識したり、顧客が持つ購買データをもとに広告を出したり、家を設計して材料を調達して建てたりといった、多様で人間の役に立つものだ。宇宙人は嬉々としてそうした仕事をこなし、人間社会に溶け込んでいく。

しかし、画像の中から何を認識すれば、どういう広告を出せば、どこにどういう材料を使って家を建てれば、人間の社会にとっていいものができるか、環境に配慮したものにできるかなどはその宇宙人自身は定義しない。なぜなら、彼らは人間の価値観を持たないからだ。仮に何らかの価値観、評価基準を持つように頼んだとしても、その結果は人間が思いもよらないものになってしまう。例えば、家を建てる仕事を好む宇宙人に、「環境に配慮してくれ」とお願いしても、木を無限に伐採することが環境に悪いことだと宇宙人たちは思わないかもしれない。そうなれば、木を一定期間内に一定以上切らないようにしてほしいと人間が具体的にお願いするしかない。

この話の中で宇宙人として扱っているのはもちろんAIのことだ。つまり、究極的に多様なタスクをこなせる自律的なAIができたとしても、人間と同様に考え行動するという保証はないということである。自分の意志を持ち、人に言われなくても動く究極のAIが誕生したとしても、人間と価値観を共有し、人間のように思考し、人間のような答えを返すわけではないかもしれない。それはつまりAIが人間そのものではないという（とても当たり前な）ことを意味する。AI技術は人間並みかそれ以上の知能を目標としているが、それは人間と協調する知能をつくることとはイコールではない。

AI技術は人間の知能にインスパイアされてはいても現状では人間とは異なる

形式の知能をつくり出す営為である。AI 技術は人間の他者であり、AI 技術を人間社会の中で使うには人間の他者としてのテクノロジーである人工知能を人間の社会に合わせて変えていく必要が生じる[18]。

3-2　人工知能を論じる人々と一般の人々との乖離

究極的に AI 自体が人間の他者である、ということを述べた。次に考えたいのは、究極的な AI ができる以前に AI の専門家ではない人々（非専門家）にとっては現代の AI 技術も自分のあずかり知らぬところでつくられる他者による技術だ、という点だ。普段 AI の専門家とふれあわない非専門家にとって AI 技術はどこからともなく現れ、新聞等で存在を知らされる謎のテクノロジーである。AI の専門家という他者集団によってつくり出される AI 技術は、非専門家たちにとって自分たちの考えが入った技術ではないという意味での他者性を帯びている。

専門家と非専門家はなぜ他者集団なのだろうか。AI の専門家集団、つまり AI の研究者は大学やその他の研究機関に所属し、日々 AI の技術開発に努めている。彼・彼女らは大学院を修了し、きわめて高度な専門性を持っている。高度な専門性を持つということは特定の学問領域の知識を深く知っている、ということを意味する。しかし、現代では、学問は多様に細分化され、学問が外部の価値観に鈍感になり狭い価値基準にとらわれていくサイロ化[19]が起こっている。これは、研究者の能力は出版された論文などの目に見える業績で測られるため、論文が掲載される論文誌や学会の作法や採択基準（妥当性境界）を自らの判断基準として意識的・無意識的に内化していくためである（藤垣 2005, p.36）。したがって、研究という営為だけを考えると専門家は非専門家の価値基準に目を向ける必要がなく、また非専門家も学問領域内部のことは分からないので、そこで断絶が起き、互いが互いの他者となっている。

このことは AI 技術自身にとっても技術の実用性という意味での問題を孕んでいる。AI 技術はサイロ化した学問の評価基準のもとにアップデートされていく。その 1 つの評価基準がベンチマークデータといわれる公開されたデータセットを用いて測られる予測精度が向上したかどうかということである。この場合、ベンチマークデータは AI 研究における一種の統制環境のように働く。しかし、統制環境で得られた結果が実環境のデータで成り立つとは限らない[20]。つまり、最新の技術がそのまま各ドメインのタスクに当てはまるとは必ずしも限らないのである。そのために非常に定型的な条件では最もいい精度が出なかったとしても、現実の汚い状況で使える簡素で古典的な方法が好まれる場合もある[21]。これは工学的な研究が社会に接続しなくなっていくことにつながり、非常に問題である。

では、AI技術を実環境で使えるものにしていくためには何が必要なのだろうか。つまるところ、AIの専門家だけでなく、技術を使う実践領域で日々仕事を行っているAIの非専門家（であると同時に実践領域の専門家）の知見を得ることが必要である。

非専門家との対話は純粋なAI技術の専門家にとっては論文生産のために効率が悪く感じられる場合もある。そのため、研究者の中には、手法は自分たちで考え、利用法は事後的に企業に問う、という方法をとる人もいる。これは、研究から実践というスペクトラムを考えた時にはきわめて自然なことではある。しかし、実践の不定形な環境にそのAI技術の知見を合わせるためには、その実践領域の専門家との協業が不可欠である[22]。

3-3　社会集団間のステレオタイプを脱することによる対話の必要性

逆に、非専門家もAI技術を縁遠いものと思ってしまうことを避けた方がいい。テクノロジーといわれると「何かよく分からないもの」という印象があるかもしれないが、人間がこしらえたものには変わらないので、ある程度まで理解することはできる。また、実践の場にどんな技術を受け入れるかの決定権を持っているのは常に技術の非専門家である。したがって、AIの非専門家であることが人々を無力化することはない。技術と日常的に相互作用することになる技術の非専門家がその技術をどう認識するかが、その技術が受け入れられるかを決めるのだ。

言ってしまえば、AIの専門家は技術の社会受容を議論する多様な社会集団の1つに過ぎない。いろいろな専門知識や現場的な専門性がある中で、技術がつくり出す今後の社会を専門家が単独で決めることは本質的にはできないはずである。

それにもかかわらず、研究者以外の立場の人のことに思いをはせるような活動はいくつかの例外[23]を除いて少なくとも日本国内ではあまり行われていない。

では、非専門家と専門家はどのように関わりあい、AIの社会受容についての議論を重ねていけばいいのだろうか。専門家は、技術のポテンシャルを中心に、研究によって開ける可能性を考えながら工学研究を進めている。これは技術自体の進展という目的、また要素技術への深い理解を持った人々が世界にとって必要だという観点から正しいことである。しかし、こうした研究だけでは、AI技術が広がる社会の未来を予想し提言を行うためには不十分である。

非専門家と専門家間の議論を考えた時に、専門家がなすべきことは自らが与えられる情報の限界を認識しながら、社会に対して条件付きで信頼できる情報ソースを与え続けることである。そして、非専門家は実践的な取り組みから得られた知見を共有する必要がある。専門家と非専門家は、双方が与える知識の質が異なることを認識しつつ、フラットな、対等な関係として技術の実践的な可能性と問題点、解決方法等について議論を進めるべきである。「研究は世の中の役に立たない」という非専門家のステレオタイプや「素人は何も分からない」という専門家のステレオタイプはいまだに根強く感じられる。こうしたステレオタイプを捨て、フラットな関係を構築することを通じて、初めてテクノロジーが社会の中で真に役に立つ方法が議論できるのではないだろうか。仮にテクノロジーを社会の中で使ってもらいたいということが研究のモチベーションであるとするなら、こうした議論は1つの有効な手段である。

今後、社会をよりよい方向に導くためにはどのような研究開発を行って行けばいいのだろうか。また社会は新しい技術を扱うためにどのような力を培えばいいのだろうか。それを考えるには、テクノロジーのポテンシャルを理解するだけでは足りない。我々は、ここから先のチャプターで、テクノロジーの意味、さまざまなステークホルダーからの要請、個人を超えた社会の観点などから、今後の技術がどのように発展していけばいいのかを考えていきたい。テクノロジーについて考えることは、専門家だけでなくすべての人間にとって重要なことであるのだ。

（1）ここで言っているAIは、いわゆる自律的に考えて動き思考する機械を指すのではなく、人工知能の研究分野で扱われている要素技術を指している。自律的に動く真の意味での

AI は現状存在していない。自律的に見えるのは単にそう見えるようにつくられているからであり、基本的に人の手によるものである。例えば、今あるすべての AI と名前の付いたものが自らの価値観を持つことはない。時たま、ニュースの中で「AI が差別的な発言をした」、「人類を滅ぼすとロボットが喋った」などと伝えられているのを目にするが、これらはメディアによる修辞にすぎず、本当に機械がそのように思ったわけではない。単に、アルゴリズムに従って入力データからモデルを構築していくと、そのような出力を返すようになった、というだけである。つまり人が手を加えることで結果を変えることができる。

（2）人間の暮らしは狩猟採集や農耕文明の頃から苦労が絶えない。現代人も、満員電車に揺られ、組織の中で面倒な仕事をこなしながら生きている。人間間で解決できなかった社会的な問題を技術が直接的に解決することは難しいと言われている（外山 2016 pp.41-69）。それでもなお、人間に成り代わっていろいろなことを考えてやってくれる機械があれば多くの苦労がなくなるという素朴な考えは根強く、技術開発の動機となっている。

（3）構成論的アプローチは、全体は部分的な特性を合わせることによって表せるという還元論（サイモン 1999 p.204）を前提とする考え方である。

（4）構成論的アプローチはフォン・ノイマンという学者が『自己増殖オートマトンの理論』という本で描いた内容がその源流にあると言われる（橋本 2002）。彼は、この本の中で、コンピュータがまだ確立していない頃に「機械は自己複製可能か」という問いを立て、実際に自己複製するように見えるアルゴリズムを構築し、可能であるという答えを導いた。彼はこの時に自己複製のための条件を発見したとしており、これが構成論的アプローチの走りであると考えられている。フォン・ノイマンは現在のコンピュータの原型であるノイマン型コンピュータの考案者の一人であること、そして原子爆弾を開発するマンハッタン計画に参画していたことで有名である。

（5）人工知能の歴史に関する記述は主に松尾（2015）と中島（2015）を参考にした。

（6）ダートマス会議が開催された1956年から70年弱が経つが、その間にさまざまな施策や技術開発がなされ、概念が多様に分岐してきた。十分に便利になり実用的になった技術は AI と呼ばれなくなるという現象はよく知られており（CNN 2006）、AI と呼ばれるもの自体がその時々で変化している。

（7）後年になって、人文科学的なアプローチを使うことで暗黙知を機械に教え込みやすくなるのではないかという提言もなされた（Forsythe 1993）。

（8）実際には、人間の手によって各種の変数の調整（パラメータチューニング）が必要であり、データを入力すればすべて AI が勝手になんでもやってくれるというわけではない。

（9）もちろんルールベースの人工知能技術も役に立つ場面は現在でもたくさんある。技術的な話題性と有用性は、まったく別の話なので、人工知能技術を使って何かしたい場合は実際に達成したいことを明確にして有用な技術を探すことが重要だ。

（10）誤解がないように述べておくと、あくまでこの時のニューラルネットワークのモデルは猫の特徴量を明らかにしたというだけで、自分で猫画像に cat というキャプションを付けたりしたわけではない。猫画像を入れた時に最も強く発火するニューロンを人間が選び出すことで初めて人工知能が猫だと感じる特徴を明らかにできたのである。

（11）新しい技術ができてから実用的なものとして安定するまでの社会からのその技術の評価・印象を示したモデル。黎明期・「過度な期待」のピーク期・幻滅期・啓蒙活動期・生産性の安定期からなり、毎年 Gartner 社から発表される。あくまで社会からの評価や印象に関するものではあるが、新技術の成熟度を示す図としてよく利用される（Gartner 2021）。

（12）単純な作業（例えば洞窟に入って特定のものをとってくる）を行おうとしても、通常考慮する必要のない問題を含めると無限に考慮すべき問題がある（洞窟の壁が崩れないか、とってくるものをつかむと重力が変化してふっとばされたりしないか等)。通常、人間は無限の問題の中から起こりそうな問題に絞った枠(フレーム)の中で思考できるので問題解決を行える。AI がそのようなフレームを認識できない場合、AI が現実の状況における問題を自律的に解くことができない、という問題がフレーム問題(Stanford Encyclopedia of Philosophy(2016)などに詳しい)。

(13) 記号としての言語が現実世界の意味につながっていないと物事を理解することができないという問題。「しま模様」と「馬」という言葉を覚えたとしても、それが現実世界にどう表されているかが分からなければ、「ゼブラ」は「しま模様」の「馬」である、といった内容が理解できない。人間は、仮にシマウマ(ゼブラ)を見たことがなくても、「しま模様の馬をゼブラといいます」といわれると、ゼブラを識別することができるだろうが、実世界の意味に記号をつなげていない AI にはそれができない、という問題。記号接地問題ともいわれる(Harnad 1990)。

(14) シニフィアンとシニフィエは19世紀から20世紀の言語学者フェルディナン・ド・ソシュールが提唱した、ある「記号」の中の2つの側面。シニフィアンは「意味しているもの」という意味である記号の音声や文字などを表し、シニフィエは「意味されるもの」という意味でその記号が表している現実の何か(実物や概念)を表す。犬という記号があった時に inu という音や「犬」という文字がシニフィアンにあたり、頭の中に浮かぶ動物のイメージがシニフィエにあたる。シニフィアンとシニフィエからなるものをシーニュ(記号)と呼ぶ(橋爪 1988, p.50)。

(15) 例えば、先述の松尾(2015, p.3)では、1997年から2002年ごろには「『人工知能ができる』と主張すること自体が、ある種のタブーとなっていた」と述べられている。

(16) しかしながら、機械学習技術が実際にどこまで汎用的に使えるものかということはたびたび議論されており、いまだに小さな議論が起こっては少しずつ研究の潮流が変わっているところは見られる。しかしながら、まだ AI が決定的に使えないということを示したり、今後の AI の発展が不可能だということを示す議論はなく、一旦、技術に対する考え方はある程度の安定を見ていると思われる。

(17) 日本においても、人工知能学会の全国大会の参加人数は増加傾向にある(2017年は2,547名、2018年は2,611名、2019年は2,905名、2020年(オンライン開催)は2,303名、2021年(オンライン開催)は2,310名(人工知能学会 2022)、また、AI の国際学会への投稿数も年々すさまじい勢いで増えているといわれる。例えば AI のトップカンファレンスの1つである AAAI(Association for the Advancement of Artificial Intelligence)の投稿数は2014年に1,406件だったが、2022年には9,020件と6倍以上になっている。(https://github.com/lixin4ever/Conference-Acceptance-Rate 2022年5月5日閲覧)。

(18) 本当に AI を人間のようにしようとするならば自律的なエージェントを構築するより多くの努力が必要になるだろう。その過程でテクノロジーの良い点が損なわれてしまう可能性もある。あくまで、人間とは異なる便利な知能が構築されると考えた方が、人間にとってもテクノロジーにとってもよいのではないだろうか。

(19) タコツボ化ともいう。

(20) さらに、ベンチマークデータ自体も例えば画像に人間がラベリングしたようなものも含まれ、誤りが含まれている場合もある(Northcutt, Athalye and Mueller 2021)。

(21) 筆者は某企業で AI を用いてデータ分析を行っている知人に、「なぜ AI の研究が今更必要か分からない。結局ランダムフォレスト(古典的な手法の1つ)が一番使い勝手が良くて精度がでるのだから」と言われたことがある。

(22) もちろん、筆者のような企業研究者はこのギャップを乗り越えていくことを常に求められる。自分の分野の論文を読みつつ、基礎的な知識を仕入れつつ、顧客のもとに赴いてニーズを聞き、可能な技術的な打ち手を考えて研究開発を行い、場合によっては論文を書く。

(23) 例えば、科学技術社会論学会と科学技術振興機構 社会技術研究開発センターの主催で「人工知能社会のあるべき姿を求めて：人工知能・ロボットについて語る参加型対話イベント」(2017年9月16日　日本科学未来館：https://ai-dialogue.mystrikingly.com/ 2022年5月5日閲覧）といったイベントが多様な専門家と市民の対話の場として開催されている。

Chapter 3

身の回りにあふれる人工知能とその問題

本チャプターではAI技術が社会や個人に対して与える影響についての議論を紹介する。技術に人々が見向きもしなければ、その技術は何の力も持たない。しかし、誰かがその技術を使えばそこに権力が発生する。誰がどのように権力を行使するのだろうか。また、AI技術がどのように権力の行使を複雑にするのかについても考えたい。

SECTION 1 身近になったAI技術と社会からの反応

1-1 AI技術に囲まれて過ごす現代

ここまで見てきたように、AIの研究開発においてはAIの専門家と非専門家が絶えず対話をすることが理想的である。しかし、現実にはそのような対話の機会を待つことなくAI技術はどんどん開発され、我々の身の回りはAI技術で溢れている。我々が日常的に使う検索エンジン、動画サイト、SNSのどれもがAI技術を用いている。自動的に個人の好みに合わせてコンテンツをパーソナライズし、その人に合わせた推薦をするのは主にAI技術だ。スマホやパソコンでウェブサービスに触れている我々は、意識しようがしまいがAI技術に常に触れていると言っていい。

AI技術は我々の身近に誰のことわりもえずに入り込んでいる。自分が許可した覚えもない技術が勝手に身の回りに配置されることは問題だと感じられるかもしれない。しかし、さまざまなウェブサービスにAI技術が導入されるのはウェブ上の情報が指数関数的に増える現代社会においては必然でもある。多くの個人が自ら発信することでウェブ上のコンテンツを日々増やしている。同時に、人間はそれらのあまりにも多くの情報を基にして意思決定することを求められている。莫大な情報の中から自分に合ったコンテンツを選び出すために、情報から特定の一部をキュレーションする必要があるのだ。

大量にデータが存在するウェブの環境とデータドリブンなAIの相性は非常に

いい。現実世界を分析するためには現実の現象を一度データに変換しなければならないが、ウェブの中ではそもそも環境自体がデータでできているからだ。そのため、データドリブンなAI技術は自動的なキュレーションを行うには打って付けである。

そのようにして、AI技術によって明らかに社会はブーストされている。数年前の利便性と今の世の中の利便性には本当に大きな差がある。今の文明がなくなったら生きにくくなりそうだと思うことがあるが、それどころか、最近ではAI技術やそれを使ったサービスが5年前の水準に落ちるだけでもかなり暮らしにくくなるかもしれない。

しかし、その利便性への依存によって、人間がAI技術からの影響から脱せなくなっているのも現代社会の特徴である。スマホを肌身離さず身に着け、場合によっては家中にAIスピーカーを置いている現代人は、自分専用のAIといつも一緒に動いている。

これらのことはAI技術の利便性への依存を通じて、現代人がAIに支配されていることを意味している。AIサービスは一部の大企業が構築・運用しているので、AIを肌身離さず使っている人々はそれを通じてある種の権力がその一部の企業に集まることを支えている(1)。AIによる人間の支配は、映画『マトリックス』や『ターミネーター』のようにAIが人間に反逆して殺戮を繰り返すという世界観でなく、人間側からの利便性への依存という形で起こっている。

1-2　個人とAIのジレンマ

ここからは、日常生活がAI技術から絶えず影響を受ける中で、人間個人や、人間集団としての社会がどのような問題を持ち、利便性とのジレンマを抱えているかを紹介したい。まずは、人間個人がAIに依存することによる問題をいくつか挙げたい。

1つ目は、ソーシャルエコーチェンバー、またはフィルターバブルと呼ばれる現象だ。これは、TwitterやYouTubeといったソーシャルメディア上の推薦コンテンツがユーザーにパーソナライズされていく過程で、ユーザー自身と似た考え方を持つコンテンツだけがタイムラインに表示されるようになる現象である。

これによって、ユーザーは世界の大部分の人が自分と同じ考え方と持っていると錯覚するようになってしまう（パリサー 2016）。フィルターバブルというのは多様な情報の中で自分の考えに似たものだけがフィルターされ、自分を取り囲むバブルのように同質な言説の空間ができ上がってしまうことを表わしている。また、エコーチェンバーというのは音楽を録音する時にエコーをかけるために用いられた残響室のことであり、自分と同じ意見ばかりがソーシャルメディア上で周りから返ってくる様子を表わしている。

この問題が注目される理由は、これによって異なる価値観を持つ者同士の対話が阻害される懸念があるためだ（パリサー 2016, p.220）。ソーシャルメディアを利用していない、フィルターバブルがない状態では、自分が仮に極端な考えや陰謀論、フェイクニュースを信じていたとしても、周りの人に話した時におかしな受け止められ方をする、賛同されないなどの様子を自分の目で確認できる。そのため、自分の考えに固執する程度が小さくなるかもしれない。しかし、フィルターバブルが発生しているソーシャルメディア上では自分と同じような考え方を持った人々の意見が向こうから勝手に流れてくる。すると世の中のものすごい割合の人が自分と同じ考えを持っているという印象が生じ、人々は自分の考えへの確信を強める。こうした現象により、人々は自分以外の考えを受け入れなくなっていき、自分以外の考え方を想像する力がなくなっていく。これが結果的に社会の分断を進めることにつながるということである。

２つ目の問題はプライバシーに関する懸念である。AI 技術による利便性を享受するために、我々にはサービスの利用ログなどの個人情報を開示することが不可欠になる。おそらく多くの人がどのようなデータが AI 技術による分析に使われているかを知らずにサービスを利用しているだろう。自分のデータがどのように利用されているかを知るには、例えば使っているアプリのプライバシーポリシー（プラポリ）も参考になるかもしれない。しかし、プラポリに分析に使われているデータのすべての種類が書かれている保証はない[(2)]。例えばそのアプリを使っていない間の周辺の音声データや、IP アドレスがどの程度分析に使われているかはユーザーには知る由もない。例えば、YouTube が検索履歴だけでなく、アプリを開いていない状態でスマホが拾っている音声を使って推薦をしている可能性は否定できないし、スマートスピーカーや Siri が24時間あなたの生活音をアメリカの大企業に送っていないとは限らない。こういったことは明言はされていないが、技術的には可能であり、そうしたことがされていないと誰にも確証できない点が現代の気持ち悪いところである[3]。

これまでの時代と違い、一度収集されたデータは永続的にどこかに保存される。そのデータを管理するのは公的な組織ではなく、多くがアメリカに基盤を置く大手のIT企業である。人ひとりの個人情報、場合によっては人生のすべてを記録したデータが不透明な私企業に管理されている状態とは、誰がどこでその情報を使うのかというトレーサビリティが確保されていない点でも、非常に不安定な状態である。

1-3　社会とAIのジレンマ

続いて、人間集団としての社会がAI技術の利便性との間に抱えるジレンマについて見ていこう。

AI技術についての問題が多様になっていく理由として、今後はますます社会全体がAI技術に依存するようになっていくということがある。社会的な決定は、今ではあくまでも人間が主体的に行っている。昨今では国内外で医療や人事判断、金融、司法といった領域でAI技術が利用されていっているが、今はまだAI技術の自動的な決定にすべてを任せているケースは少ない。あくまで、AI技術の決定を参考にして、人間が最終判断を下すという形をとっている。しかし、今後AI技術による効率化が進むとAI技術の自動的な意思決定に決定権を委譲し、人間はランダムに抽出した決定の妥当性を評価するなどの監査の役割に回るようになるかもしれない[4]。このような状態においては、もはや社会全体がAI技術に依存することになる。

AIに依存する社会になっていけば、次第に従来型の労働が消滅していくことになる。かつてオックスフォード大学の研究チームは2013年にアメリカの労働人口の47%がコンピュータで代替されるだろうというレポートを出し、話題をさらった（Frey and Osborne 2013）。そこでは、複雑な認知や操作が必要で、創造的あるいは社会的な知性が必要である仕事であればあるほど機械で代替されにくい、という分析がなされている。

もちろん、実際には人間の労働が完全になくなるわけではないだろう。しかし、労働の意義は次第に薄れていくことになる。AIによる定型業務も定期的にはメンテナンスが必要であり、どこかでは人間の手を借りる必要があるため、人手が完全に不要になることは考え難い。しかし、機械に代替可能な労働の価値は低下していく。それまで代替可能な労働を行っていた人は、今度は機械に対して学習可能なデータを提供したり、部分的に機械を監督したりする仕事に就くだろう。ただ、そうした仕事もデータが十分に集まり、AIで自動的に実行可能になれば、次第にAIに代替されていくだろう。人間の仕事はなくならないが、常に人間の仕事という意味での存在意義は隅に追いやられていくことになる(5)。

だが、労働がなくなることそれ自体は必ずしも悪いことばかりではない。労働は多くの場合苦痛を伴うものであり、労働から解放されることは喜ばしい場合も多い。

しかし、労働がなくなった社会では何を基準に人々に財を分配するべきかという問題が生じる。とくに社会保障の観点では、全員に一律の保障を行うのか、それでもなお労働している人に対して優遇するような保障制度にするのかというところには、今でも多くの議論が交わされている。いわゆるベーシックインカムのような保障を設けるとして、それには傾斜をつけるべきか否か。仮に傾斜をつけると、そこにはやはり格差が生まれる。もちろん、格差それ自体が悪いわけではない。能力ややる気、努力などに応じて優れた人がより高い地位や収入を得ることは社会をうまく回すために必要だ。モチベーションがなく動くことができる人間はいないので、社会的なモチベーション付けとして、何らかの報酬が与えられることは必要であるように思える。しかし、問題なのはそうして報酬を得ることで優遇された人々が、優遇されていない人の生活を向上させる働きをしない場合だ。能力ややる気などは、その人が置かれている環境に大きく左右され、効果的に自分の力を発揮できない人もいる。そうした人々に対しても一定の水準の暮らしが送れるようにするのが国家の福祉の目標の1つである。どんな能力の人が優遇されるかも論点になるが、AIがほとんどの労働を淘汰した時に、どのような仕組みを運用すれば人々が効果的に財を分け合えるかについては、いまだに議論の余地がある。

他にも、労働や社会保障という一国の内部の話だけでなく、AI技術は兵器にも利用可能な技術として、多国間の国際関係論的な議論にも影響を及ぼす。本書ではAIの軍事利用の話題については割愛する(6)。しかし、世界ではAIの規制について、さまざまな法案や規制案がまとめられており、常にAIが及ぼしうる社会的な影響について、デファクトスタンダードとなる規範が模索されている状態である(7)。

SECTION 2 AI技術の研究と資本経済

2-1 AIをつくるのは誰か

AI技術は利便性とともに、さまざまなジレンマを生み出しているが、そのような複雑な関係を生み出す技術をつくっているのもまた人間である。そもそも、誰がどのような目的でAI技術をつくっているのだろうか。

AI技術を研究開発している集団の1つは、大学等の研究機関に属する研究者たちである。人間の知性を探る、あるいは人々の能力を拡張するような萌芽的な技術を公的な研究機関の研究者たちは探求している。彼らは純粋に学問的関心から研究を行う側面もあるが、同時に研究費は国や企業といった外部の団体から得ることが多いため、研究費を獲得しようとする際には他者の目標に資するものであることを説明する必要がある。

2つ目は、Alphabet（Googleの親会社）、Amazon、Meta（旧Facebook）、Apple、Microsoft、IBMといった、テクノロジーの巨人（Tech Giants）と呼ばれる企業群である。多くはアメリカを中心とした企業だが、BaiduやAlibabaといった中国の大企業をここに入れる場合もある。これらの企業はAI技術を研究開発するだけでなく自社のサービスの中で実用化にまで結び付け、そしてそこから利益を得ている(8)。これら大企業は大学とも積極的に共同研究を行い、資金を拠出するため大学との関係性も深い。自社の研究所での研究成果も目覚ましく、国際会議などでのプレゼンスもきわめて高い。一方で、論文として出版されていない知見の一部は企業秘密として秘匿されるという性質もある。

情報技術はもともと、ハッカー文化[9]という名で知られるように、中央集権的なものを好まず、情報やコンピュータへの無制限なアクセスを望むような個人研究者が無我夢中にプログラミングを行うなかで開発されてきたという側面がある（レビー 1987）。しかし、現代のAI技術は、人ひとりが持てる資産や作業量だけで進めていくには難しい段階に入っている。例えばボードゲームを学習して数時間で囲碁のチャンピオンに匹敵する力を持つAlphaZeroの学習には機械学習プロセッサーTPU（Tensor Processing Unit）が5,000台必要だった（Simonite 2017）。今や、大規模なAI技術の研究は大規模な計算機パワーと優秀な人員を集めてチームで行う、加速器を使った物理学実験のようなものになっている。

2-2 ユーザー「が」もたらす価値の向上のために AI研究に投資する企業

AIの研究開発の主要なアクターである企業だが、彼らはどのようなモチベーションで研究開発を続けているのだろうか。個人の研究者としてではなく、企業として研究を進めるモチベーション[10]とは何だろうか。

とくにウェブサービスを運用する企業がAI技術分野でのプレゼンス向上に熱心なのは、AI技術によってユーザーに合わせてパーソナライズした情報を提示することが、彼らの収益に最終的につながることもある。ウェブサービス事業者の収益源は基本的に広告料であり、適切なユーザーに適切な広告を打てれば打てるほど、そのサービス上に広告を出す価値が高まる。ウェブサービスの運営企業は広告主の広告を適切なユーザーに提示するために、AI技術を利用している。

ここで１つ気を付けたいことがある。それはウェブサービス企業が売っている広告プラットフォームの価値を担保しているのは、主にユーザーの情報だということだ。つまり、ウェブ企業はユーザーの情報を売り、広告主はそれを買っている。我々ユーザーからするとウェブ検索で出てきた結果があたかも商品であり、我々はそのどれかをクリックして情報を利用していると感じるかもしれない。しかし、実際の構造では我々ユーザー自身が商品となり、広告主が顧客となっている。我々がウェブ上の情報を利用すればするほど我々自身に対する情報が精緻化され、広告プラットフォームの価値がどんどん上がっていくのである。

このような構造のウェブサービスは、基本的に長時間そのサービスをユーザーが利用することを促すようにできている。ユーザーをサービス上に長く滞留させたり、投稿を促したり、高頻度で利用させたりすることを目指して設計されている。ユーザー側はそうしたサービスを使わない方が良質な生活を続けられるかもしれないが、そうしたユーザーの幸福のようなことはあまり考慮されない。ユーザーが長時間TikTokやYouTubeの動画を見続けるように、TwitterやFacebook、Instagramのタイムラインにユーザーがとどまるように設計されている。こうしたサービスはユーザー自身が理性的に考えた時に見たいと思う情報を提示するのでなくて、反射的に惰性で見たいと思うような情報を提示してくるし、またユーザーには提示された情報を直接的に訂正する術がない。そのためにユーザーが本当に見たい情報に触れられなかったり、特定の情報を過度に伝えられたりしてしまう可能性がある。

我々ユーザーがこうしたサービスからの影響に負けずに自分自身の生活をよりよいものにするには、それなりの精神力が必要である。また、我々自身がそうした依存の構造に対して敏感になると同時に、ある程度の規制や運動が必要になる場面も多い。実際に、ユーザーのターゲッティングをやめることをITの巨人たちに促すような規制がGDPR（一般データ保護規則）[11]などを通じて行われてきたのである。

2-3　AI技術の学術研究に入り込む資本の影響

企業によるAI研究のモチベーションにはユーザーの幸福を度外視する部分もあった。では、研究機関に所属する研究者はどうだろうか。

基本的に、学術研究は直接的な収益化を求められないという側面がある。基礎研究だけでなく、実用に近い工学的な研究であっても研究論文が出されてから実用化に10年以上かかることはまれではない[12]。必ずしもすぐに商業化することが求められないならば、一旦商業的な目的を離れ、ユーザーの真の幸福を考えた技術開発を行うことも可能であるように思える。

しかし、大学での研究も研究費がなければ実行することができない。研究費は、

図 3-1 研究者と資金提供を行う国・企業との関係

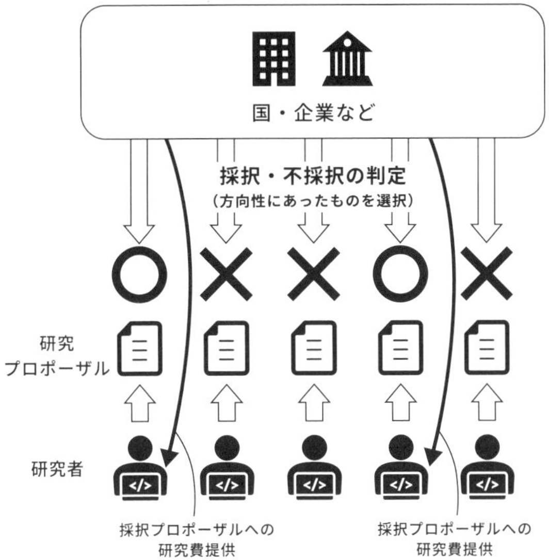

大学から提供されるもののほか、国や企業から獲得するものがある。したがって、国内外問わず、研究者は国や企業に対して資金を提供してくれるように依頼するための研究提案（プロポーザル）を書く。この際、国も企業も自身が決めた特定の目的に合わせた研究テーマを採択することになる。そのため、研究者のプロポーザルも国や企業の設定する大きな目標に資するものだということを主張する必要がある。こうした研究費獲得のプロセスを通じて、国や企業の目標が独立した研究者にも入ってくるのだ（図3-1）。

もちろん、企業内部で行われる研究開発よりも、共同研究や委託研究といった形で大学で行われる研究開発の方がはるかに自由度は高く、また（当然だが）純粋に学術的な探求を行うことができる枠組みにもなっている。しかしながら、その目指す先の世界像は企業や行政によって操作されうるという部分は注意しておく必要がある。つまり、一般的には科学研究というのは学者が真理の探究のために純粋な探求心から行うと考えられるかもしれないが、実際にはある研究トピックに資金が集中的に投入されたり、国や地域として目指す方向[(13)]がある場合に、そちらに向かって大きく研究コミュニティが動いたりすることになる。もちろん、こうした目標設定は必ずしも悪いものではない。しかし、少なくとも研究には時代性がある場合があり、それは時として研究コミュニティの外側から規定されうるものである、ということは理解しておく必要がある。

同時に、研究内容を基軸にして、場合によっては起業などを通じて利益を上げていこう、とする動きも積極的に行われている[14]。こうしたことを考えても、学術コミュニティが経済活動とまったく独立に動いているわけではないことが分かる。大局的に見れば、AI 研究も資本の大きな動きの中でなされている。

最初に予期しなかったものが生まれ、次世代のカギを握るのも科学研究の興味深い部分であり、それらは人間が完全にコントロールすることはできないものである。しかし、今現在行われている AI 技術の研究を含めた研究の裏側にどのような投資構造があるのかを考え、AI 研究を礼賛するばかりでなく適切な批判を施すことが、一般市民には求められている。

SECTION 3 本質的に解釈不可能な技術の興隆

3－1 共感的知性と統計的知性

身の回りにあふれる AI 技術が引き起こす、さまざまな人間や社会とのジレンマ。そのジレンマを我々が直接解消できない理由の 1 つとして AI 技術を研究開発、運用する資本の構造の問題があるということを紹介してきた。最後に、AI 技術と人間の相容れなさを知性のあり方の違いに則して考えたい。

AI と人間がいかに他者であるかは、チャプター 2 の第 3 節でも述べたとおりである。ここでは、両者がどのように違うかをより細かく見ていく。

その違いとは、人間とデータドリブンな AI 技術との知性の形態の差である。人間の知性が他者への共感に基づいた共感的知性であるのに対し、AI 技術が発揮するのは統計的知性であるといわれる。例えば、Dove et al.（2017）の研究では、機械学習を使ってサービス設計を行う UX（user experience）デザイナーへのインタビュー調査が行われている。彼らは、通常の技術的なサービスをデザインするのと違い、機械学習を使ったサービスをデザインするのがなぜ難しいのか、ということを探るためにこの研究を行っているのだが、そこでは、システムのインプットに応じてアウトプットが動的に変わってしまうことに起因する難しさがデザイナーから語られている。データに基づかない、ルールベースの技術であれば、人間が考えたとおりにルールを設計しさえすれば、人間が自然だと感じるような意思決定をするサービスがつくれる。しかし、統計的、数理的な妥当性に基づいてインプットデータごとに出力を変える機械学習システムからは、人間が思うようなルールに基づく結果が出るわけではなく、それが設計の難しさや気持ち悪さといったものにつながる。この人間の認識と機械学習の出力との間のギャップが、共感的知性と統計的知性のギャップである。

人間の持つ共感的知性とAI技術の持つ統計的知性のどちらがいいのかと問われれば、それはケースバイケースである。どちらもメリット、デメリットが存在する。共感的知性の方は、その名が示すとおり、人間同士である一定の感覚を共有し、社会を作り上げる際に必要になる知性である。これにより、時に人間は少ない情報から全体像を想像することもできる。例えば人は小説を読む時、登場人物の心情が常に直接的に表現されていなくても、周囲の情報からその心情を補って読み取る。主人公が誰かに何か理不尽なことを言われてその場を去ったという描写があれば、おそらく主人公は怒りや悲しみといったネガティブな感情に苛まれていると分かる。文化によって共感の方法は異なるかもしれないが、基本的に人間社会は共感をベースに成り立っている。この能力は人間が他の人間と協力して社会を築き、生存するために役立ったと考えられる。

一方、同時にこの共感的知性はある物事についての勝手な解釈を行うことを可能にもする。人間は空に光る星の中に星座を見出し、神話にまとめあげるほどの想像力を持った生き物である。部分的な情報から他を無意識に補完することで共感を生み出す人間の知性は、ある事象を詳細に観察し、そこから科学的に法則を導こうとする時に主観の介入を受け過ぎる可能性を持つ。

一方で、統計的知性ではこのようなことはまずあり得ない。機械学習を含む統計的な意思決定のアプローチが行っているのは量として計測できる空間の中で、ある項目とある項目の間に相関や有意差などの一定の関係があるかを分析することであって、そこに共感的知性に基づく主観的解釈が入り込む余地はない。これにより、例えば自然科学の分析において、人間が扱いきれない数の変数の中から規則性を見つけ出すといったことが可能になる。統計的知性は人間の知性がでたらめに解釈してしまうことに対して、そうした解釈を含まない正確性を持った結果を返すことが可能になるというメリットを持っている。

しかし、統計的知性にも大きなデメリットが存在する。それは人間にとって解釈することが難しいということである。人工知能が与える結果を見たとしても、その背後にある理由は人間にはすぐには分からない。判断をするのが人間であれば、判断根拠を問い直すことができるが、コンピュータに人間が感じる違和感を伝えることはできない。AIシステムの判断根拠を探るには数値データを可視化したり、インプットを変えてみたりしてその特性を理解することが必要になる。数学の理解も欠かせない。人間が統計的な知性を理解しようとすると、人間の共感的知性とは異なる統計的知性の心を新たに習得する必要があるのだ。

3-2　そもそも解釈することができない特徴量

統計的知性と共感的知性という差で人工知能技術の捉えにくさを説明した。これは人工知能の非専門家がAI技術からの出力を理解できないという分かりにくさにもつながっている。しかし、実際のところ、AI技術が出力する結果の解釈の難しさは専門家にとっても同様である。その難しさの1つは特徴量の解釈の難しさだ。現在のAIブームの火付け役となったディープラーニング（深層学習）による画像認識では、ネットワークの各層で画像のどのようなパーツを学習しているか、ということを見ていくことが可能である。実際に見てみると、奥の層、出力されるデータに近い層では、人間の顔に近いものを学習していることが分かるのだが、浅い層ではただの線や点のような、一体、全体の中のどの部分を表しているのかが一見しただけでは分からない特徴量が得られる（図3-2）。もちろん、これは人工知能の専門家だからといってすぐに分かるものではない。深層学習が何を学んでいるのかは、専門家であってもよく分からない場合が多い。

特徴量設計が自動的に行えるようになった分、深層学習の結果に問題があった場合、当然ながら特徴量に関する検証は難しくなっていく。以前は、特徴量とし

図3-2 ディープラーニングで学習される特徴をネットワークの奥(3rd)から浅い層(1st)に分けて図示したもの(Lee et al. (2009)をもとにChang et al. (2007)が作成)

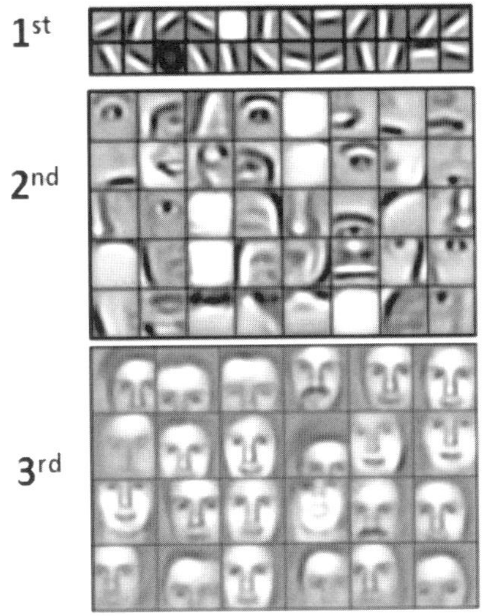

出所：Cang, R., Xu, Y., Chen, S., Liu, Y., Jiao, Y., & Yi Ren, M. (2017). Microstructure representation and reconstruction of heterogeneous materials via deep belief network for computational material design. *Journal of Mechanical Design*, 139(7), 071404.

てデータの中のどのような成分を利用するかは人間が設計していた。データの中で結果に効果を持つ部分や属性を調べ、それを特徴量として利用することで、結果に対する特徴量ベースの説明を人間が与えることが可能になっていた。しかし、深層学習を用いて特徴量抽出が自動化されると、人間が操作できるのはネットワークの深さや、途中の隠れ層の次元数などのパラメーター（ネットワーク自体の構造に関するパラメーターで、ハイパーパラメーターと呼ばれる）、目的関数などの部分であり、特徴量自体を直接操作することは難しい。特徴量についての決定権の大きな部分が、テクノロジーの方に委譲された形になっているのである(15)。

人間が検証できない部分が増えることは、これまでなかった責任の観点での問題を引き起こす。つまり、テクノロジーが自動的に意思決定の解を出してしまうと、誰がその解に対して責任を持つのか、という問題が発生するのである。例えば、GDPR（一般データ保護規則）のような規制の中ではある個人データについて、そのデータを持つ個人（データ主体）、データの管理者、データの処理者（エンジニア）といった分け方を導入して責任の所在を明確化しようとしているが、人工知能というテクノロジー自体が自動的に判断を下してしまう場合、責任の主体をどこに置くかも難しくなる。

そのため、現時点では医療や金融といった意思決定の影響が大きい分野に関しては、AIはあくまでも人間を補佐する立場として位置付けられている。

3-3　データの偏りへの対処の難しさ

さらに、より単純な問題として、機械学習に訓練させるデータの量はきわめて多く（チャプター2の2-1で紹介したImageNetでは1,000万枚）、人間が一つ一つのデータが正しいかをチェックすることができないということがある。例えば訓練用のデータを作る際に、画像データにクラウドソーシングを用いてワーカーに人手でラベリングをしてもらうことがある。しかし、その中のデータの一つ一つが完全に正しいかを人間が確認することは不可能に近い。したがって、通常、人手でのラベリングはある程度正しいものだと仮定して先の研究を進めていくことになる。しかし、実際には誤ったラベリングや、問題のある表現でのラベリングが行われている可能性を排除できない。つまり、正確性の問題がある。

さらに、この単純な問題が引き起こす現象として、データの中に差別が入りこむということがある。つまり、一つ一つのデータは正しそうに見えるのだが、全体で見ると女性を差別していたり、高齢者を差別していたり、特定の人種の人を差別していたりする、という問題である。データ一つ一つへのラベリングを人間が行うため、その人がもし差別的な意識を持っているとすると、その意識がそのままデータに反映されてしまう。実際に、先ほど紹介したImageNetのデータセットには性差別的であったり人種差別的であったりするようなラベルが付与されていることが報告されており、それを修正するプロジェクトが実行中であることが、2020年に発表されている（Yang et al. 2020）。

もう1つ、データに関する問題としては、もともと異なる用途のために取得されたデータがAIの訓練のために使われることで、AIの出す結果に対して責任をとれる主体がいなくなる、という問題である。例えば、公共セクターにおいて収集されたデータを用いて何らかのモデル（例えば犯罪者の再犯予測や、税金の未納者のモデルなど）をつくろうとした場合、大抵のデータはそのモデルをつくる目的で収集されたものではない。データの収集の目的が変わると突然モデルを更新できなくなる場合もある。また、市民が提供したデータの使途を自由にしていいのかという問題も生じる。つまり、データの利用目的と収集目的が同じでない時に、モデル作成のプロセスの透明性や答責性がなくなってしまうということである。役所や政府などの公共セクターにおいては、こうした問題がとくに重要になる（Veale, Van Kleek and Binns 2018）。

（1）政治学者の杉田敦は権力について、「一握りの主体が天下り的に事態を動かすわけではな」く、「ローカルな抵抗とそれに触発された実践が先にある」（杉田 2015 p.108）と述べる。つまり、一見どうすることもできない大企業に権力が集中していたとしても、権力関係というのはローカルな実践によって更新していくことが可能ということである。本書は技術的環境を天下り的に与えてくるアメリカ等の大企業に対して、市民、非専門家がローカルな実践のためにどのようなことを考えればいいのか、そうした企業に属しない専門家が何を考えて技術開発を行えばいいのかを議論する。

（2）見る人が見ればあなたのことをデータからプロファイルすることは容易い。むしろ大事なのは、AI 技術の構築者からのプロファイルを自分に都合よく保っておくことだ。複数のアカウントを持ち、それぞれに違う人格として買い物をし、SNS を使い、検索を行う。仕事用と趣味用のアカウントを分けておけば、その時々に応じて自分に都合の良い広告やレコメンドが表示される。

（3）プライバシーに対する認識は時代や文化で変化する。個人データが収集されていくことに対してとくに気にしないという人もいるかもしれない。例えば、ブラジルの熱帯雨林に住むメイナク族は建物を共有して暮らし、噂話がはびこる文化であるためプライバシーの概念は西洋とは明らかに異なっている。一方で、覗きや他の家族の空間への侵入を違反とする規範を持っている（ソローブ 2013, p.259）。

（4）例えば、作家のリチャード・サスカインドと息子で経済学者のダニエル・サスカインドは著書の中で重大な問題に対する決定に対して、人間は「人間の関与が必要」という感覚を抱く可能性があり、人間がやるべき仕事と機械がやるべき仕事の境界線を注意深く引く重要性を主張している（リチャード・サスカインド，ダニエル・サスカインド 2017, p.381）。

（5）職業人としてのアイデンティティを失いたくなければ AI に代替されない希少性のある職業を選択せざるを得ないかもしれない。現代でも伝統工芸品や、手づくりのアクセサリーや革製品などに一定の価値がつくように、職人的な質の高いクリエイティブな仕事に対する価値は依然として残ると考えられる。例えば井上（2016, p.160）は、こうした人工知能に代替され難い仕事を Creativity、Management、Hospitality の頭文字をとって CMH と呼んでいる。

（6）どこか一国が AI 技術を用いて強力な自律型兵器をつくれば、それは他国をけん制するに足る脅威となる。核兵器のように、他国をけん制する装置として、実際に利用するかしないかの如何にかかわらず自律型兵器の開発を世界的にどう規制すればいいのか、という議論が必要となる（Leveringhaus and Giacca 2014）。

（7）最近では欧州での AI ACT 法案などが盛んに議論されているが、実効性をどのように担保し、どのように AI でのビジネスの可能性を拓くかが世界中の産官学を巻き込んだ議論となっている（例えば、日本の経団連から出されている意見（Keidanren 2021）もある）。技術そのものとは離れたところで、技術をどうするべきかという議論の中で、社会と技術的概念がコンフリクトを起こしている。これも AI と社会の間で発生している大きなジレンマである。

（8）国内では、NEC、日立、富士通といったITメーカーのほか、リクルート、サイバーエージェント、SanSan 等のウェブサービスを展開する企業も積極的に AI 技術の関連技術の研究を行っている。

（9）ここでいうハッカーは政府のサイトを乗っ取ったりするようなサイバー犯罪者（クラッカー）を指すのでなく、革新的で高度な技術を持ち、ソフトウェアやサービスの改善に貢献するような人を指している。

（10）ここで注意したいことは、必ずしも企業の研究開発が製品開発に直結するわけではないということだ。実際の製品やウェブ上のサービスで AI 技術を使う際には、かなり細かなパラメータの調整（パラメータチューニング）が必要など、企業秘密も多い。したがって、企業が研究発表しているすべてが、その企業の製品やサービスの内容をそのまま現すわけではない。しかし、優秀な学生や研究者のリクルーティング、学術的な宣伝や、萌芽的な技術のキャッチアップのために、企業は AI 技術の研究を続ける。企業の「モチベーション」とは、なぜ AI 技術の領域で彼らが新たな技術を知ったり、プレゼンスを高めたりしたいのか、ということへのモチベーションという意味である。

（11）一般データ保護規則のこと。EU 内の個人についてアルゴリズムに基づく意思決定をすることや個人情報のモニタリングなどについての規制を課している（個人情報保護委員会 2018）。

（12）例えば、2007年に iPhone に採用されて急速に広がったマルチタッチ技術（画面に複数本の指で触れて操作するインターフェイス技術）の研究が始まったのは1982年だといわれている（Buxton 2007）。

（13）例えば責任ある AI、脱炭素社会、次世代医療のような大きな方向性のこと。社会的にその時代に進むべき、とする方向性が示されることで、研究コミュニティ全体がそちらの方向に動くことになる。

（14）経済産業省がまとめた令和元年（2019年）大学発ベンチャー実態等調査によると、大学で達成された研究成果に基づく特許や新たな技術・ビジネス手法を事業化する目的で立ち上げられる研究成果ベンチャーは2019年度で1,504件あった（経済産業省 2020）。

（15）解釈できない部分が増えてもそれでもいいということ、プロセスが分からなくなってもいいということは、人間的なものを技術に対して明け渡してしまうことになる。20世紀の思想家、ハンナ・アーレントは近代に至るにつれて自然科学や技術によって人間の思索（観照的生活）が損なわれ、もともと物事をクリエイティブに制作していく営みであった「仕事」が、消費生産のための「労働」の一部に堕したことなどを挙げ、人間の居場所がなくなる世界疎外の議論を展開した（アレント 1994）。人間に本質的に解釈できない、意思決定過程を追跡することのできない主体（つまり深層学習を用いた AI 技術）による意思決定のサポートをよしとすることは、近代の社会システムに人間が取り込まれて世界疎外を体験したことに加えてもう一段階、技術システムの中で人間の創造的な価値が損なわれていく疎外を体験することにつながる。

Chapter 4

人間と社会とインタラクションするAI技術に向けて

SECTION 1 AIをレスポンシブルにすることへの要請

1-1 倫理的なAIというアプローチ

AIは利便性をもたらすとともに、人間や社会との間にさまざまなジレンマを生じている。こうしたジレンマを解決・解消してくために、AI技術はレスポンシブルになる必要がある。レスポンシブルとは、日本語だと「責任のある」、「責任を果たせる」などと訳される。「責任」とは、社会全体に対する責任である。ここまでで紹介したようなソーシャルエコーチェンバーやバブルフィルター、セキュリティ、また社会変革や国際関係リスクも含む社会的リスクを回避するようにAIは開発される必要がある。ここではすべてのリスクへの対応を各論的に見ていくことはできないが、レスポンシブルなAIをつくるために世界が向かう方向と、具体的に技術でどのような方向を目指せばよいのかを考えたい。

まず、世界的な潮流としてAIを倫理的なものにしようとするための動き、倫理的なAIの開発が進められている。この動きには技術開発だけでなく標準化活動、法制化、ガイドライン作成等のさまざまな動きが含まれる。ここでは基本的なキーワードとしてよく取り上げられる、公平性（fairness）、透明性（transparency）、答責性（accountability）の3つを紹介したい（Nakao et al. 2019）。

最初の公平性に関してだが、これは、最も単純には、AIによる意思決定の中で、人種、性別、門地、年齢などといった要因で個人に不利益が及ぶことを避けようとする動きである。すでに10年以上にわたって公平性を担保するための技術開発が進められ、今では公平性配慮型機械学習（fairness-aware machine learning）という大きな技術分野となっている。差別を防ぐための技術の研究以外にも、どのようにしてAIをつくる時の手続きを正しいものにするか、そもそもどういった結果をユーザーが公平だと感じるのか、といった研究も行われている（例えばAraujo et al.（2020））。

続いての透明性という用語だが、これは政治的な文脈で使われると、意思決定のプロセスを明確化して市民に説明可能な形にし、どのように公共的な意思決定が行われたかを追跡可能にしておくという意味だ。計算機科学の分野では、透明性は、もともとは推薦システムの文脈でAIシステムの決定の理由を説明することを意味してきた。しかし、倫理的なAIの文脈では、結果を説明するだけでは透明性を高めたとはいえない。むしろ、どのようにそのモデルが形づくられたのか、もともとのデータがどういった目的で取得されて加工されたものなのか、誰がその意思決定をしたのか、といったことが考慮されている必要がある。それらによってどのような分析が進められたのかがユーザーにとって追跡可能になることを通じて、透明性の高い技術ができた、ということができる。

最後の答責性について。ここで答責性と訳している accountability という英単語はよく「説明責任」と訳されるが、ここでは、何かを説明する責任のことを示すのではなく、むしろ何かしらのアクションに対してその責任を誰かに帰することができる状態のことを指す。そこで、AIが問われた責任に対して何かしら答えることができるようになっている状態、という意味で答責性という訳語を当てている。したがって、技術的に何かをするというよりかは、むしろAIを使う組織自体が、AIが提示した結果に対する責任を果たすことができる構造になっていることが求められる。同時に、AI自体が分析結果に関して人間が理解可能な形での説明を出力することも求められる。したがって、AI技術の中に答責性があるというよりは、透明性や公平性を持つAIを用いて、組織がどのように意思決定したかを組織内外の人々に理解可能な形で伝えることができるようにする、というのが答責性を担保する社会的かつ技術的なシステム（社会技術システム：socio-technical systems）である(1)。

倫理的なAIにはこのほかにも、AIの結果に対して悪意のある影響を与える攻撃に対応するための頑健性（robustness）や前のチャプターでも述べたようなデータのつながりを明らかにするデータリネージュ（data lineage）の研究などが含まれている。また、AIの学習に伴う電力消費が大きな環境負荷になることも注目されており、環境に配慮した計算効率の高いAI技術やハードウェアをつくることも重要視されている。こういったことも倫理的なAIの範疇である。

このように、今や巨大システムであり、人間の理解の範疇を超えた技術になる場合もあるAI技術が引き起こす、さまざまな問題を乗り越えるために、レスポンシブルなAI、倫理的なAIの開発の必要性が叫ばれ、実際に世界中で研究開発が行われている(2)。

1-2 人間が把握・操作可能なAI技術の必要性

具体的にどのような技術がレスポンシブルなAIにつながっていくのだろうか。レスポンシブルなAIに向かうための足掛かりである倫理的なAIのトピックで語られる公平性、透明性、答責性はAIの技術以外の要素も幅広く考慮する必要のあるトピックだ。しかし、実際の研究開発でカバーできる範囲は限られている。技術開発としてのAI研究はどう進むべきなのだろうか。

AIをレスポンシブルにするための1つ目として、理想的にはAI技術からの出力を人間が把握し、コントロールできるようになっていることが望ましい。つまり、AI技術にこのようなデータを入れるとこのような結果が返ってくる、このような訓練を施すとこのように結果が変わる、ということを人間が予想できる状態になっているのが理想である。これが実現できると、人間の意思決定者がAI技術を使って意思決定をした時の透明性や答責性を確保できる。

こうした、人間が把握可能、操作可能なAI技術に必要なのが、自らの結果や過程を説明可能にする「説明可能なAI(Explainable AI)」の技術である(3)。ここでの説明可能とは、AIからの出力を人間に理解できるように説明できるようにするという意味である。これはつまり、従来のAI技術からの出力を単に人間に分かりやすく表示するようにする、という意味なのだが、これは簡単そうでとても難しい。単純な話だが、人間に把握できる情報の複雑さには限度があり、例えば四次元以上の次元数を持つような行列についてすぐに思い浮かべることはできない。一方のAI技術にはそういった認知上の制約はなく、かなり複雑な内容を表現することが可能である。したがって、AI技術の側に相当の工夫をしないと説明可能にはならない。加えて、説明可能性を担保しようとすると時にはAIの精度自体が犠牲になるともいわれている(Gunning et al. 2019)。

しかし、そうした難しさがあったとしてもなお、AI技術は説明可能である必要がある。なぜなら、技術が人間にもたらす利便性はその良さを人間が把握、制御できて初めて有効に働くからだ。つまり、単に過去の人間の意思決定内容を的

図4－1　分析の対象の違いによるAIに説明を受けたユーザーの振る舞いの違い

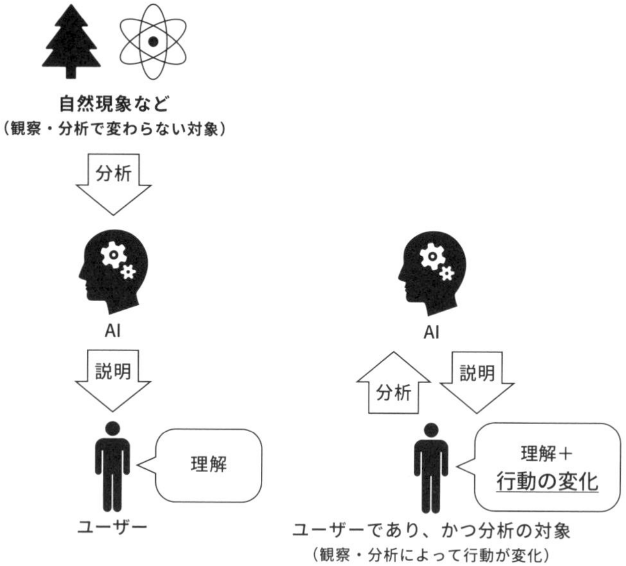

確に当てる、つまり精度を上げるだけでは人間にとって性能がいい機械ができたことにはならない。むしろ、そのAI技術が介入することで意思決定が的確に支援されることで、初めて技術の利便性が社会の中で発揮される。このためには説明可能なAI技術は確実に必要になる。

1－3　分析対象によるAI技術の説明可能性の働きの違い

AI技術を説明可能にする効果は、その技術で分析する対象によって2つに分かれる。それは、観察・分析によって変わらない主体（例えば自然現象など）を分析する時に説明可能なAI技術を使う場合と、観察・分析の結果から観察対象自体が変化してしまうような主体（人間の行動予測など）に対して説明可能なAI技術を使う場合である（図4－1）。

前者の観察・分析によって変化しない主体に対しては、説明可能なAI技術は分析対象結果の詳細や理由を明らかにするために必要となる[4]。例として物理現象の分析を考えてみよう。人工知能はデータに基づきさえすれば、人間が認識可能なものよりも、より詳細な、より次元数の大きい情報を分析することが可能である。そのため、例えば巨大なデータをもとに一定の傾向を明らかにするためにAI技術を用いることは、物理的な実験の結果を分析する際などに適している[5]。

こうした場合、分析の目的はその物理現象に当てはまる式（つまりその物理現象のモデル）や、モデルに基づく予測を知ることである。したがって、この場合はAIの結果に関する説明はできるだけ詳細であるほど目的に適う。式の中から複雑すぎる要素を取り除いて重要な要素に対象を絞ったりすることなく、分析した結果の詳細を明らかにすることで、いままで人間だけでは成し得なかった詳細な分析や、場合によっては新たな理論を確立できる可能性がある[6]。

一方で、2つ目の観察・分析の結果から観察対象自体が変化してしまうような主体（人間の行動予測など）に対しては、説明可能なAIは人間の行動に「適切な影響」を与えるために必要となる。現在、議論されているAI技術の多くは、AIの結果によって影響を受ける人間の行動を分析対象にしている。検索エンジンや推薦システム、ウェブ広告、SNSなどで使われているようなAI技術はすべてこれにあたる。こうしたAI技術は人間の行動自体を分析し、その結果を分析対象である人間自身に提示するため、分析の結果によって人間の行動は影響を受ける。つまり、分析の対象自体が変化してしまう。

ここで「適切な影響」と書いたが、一体どのような影響が適切だろうか。その適切さはチャプター2の3-3で述べたようなユーザーとの対話によって決められるべきものかもしれない。しかし、筆者は対話以前に、技術が与えるべき影響の適切さとは、ユーザーの深い意図を尊重し、その意図どおりの行動を誘引する、ということだと考える。ここで深い意図というのは、自分の行動がどのようにAI技術からの出力によって誘引されたいかについてのユーザーの意図のことである。

具体的に考えてみよう。人間にはいろいろな側面がある。真面目になっている時もあれば気を休めている時もある。例えば同じ動画サイトを見る時でも、英語の勉強をするために海外の動画を見る時もあれば、アニメやバラエティのようなリラックスするための動画を見ている時もある。今利用しているAIによって自分のどのような行動がモチベートされたいか、どのような側面が誘引されたいかということを反映したうえで、その人の行動をうまく誘導することができれば、AI技術はその人の行動に適切な影響を与えたといえる。

ところが、この「適切な影響」は今までのAI技術の研究の中で正しく考慮されてこなかった。人に対するAI技術の研究の多くは「いかにしてユーザーを説得するか」、「いかにユーザーから信頼を勝ち取るか」ということに焦点を当てていたため、実際にユーザーに対して、どのような内面的な影響を与え得るのかが考慮されることはほとんどなかった。つまり、これまでのAI研究は、ユーザーを特定の方向に誘導することを目指すばかりで、ユーザーの自律性[7]を考えて情報出すという部分にほとんど注意を払ってこなかった。

このことは次の2つの問題を引き起こす。技術開発を行う資本と権力を持った集団の価値観がユーザーに押し付けられるという問題と、技術がユーザーの特性を把握できないという問題だ。

1つ目の権力を持つ側の価値観がユーザーに押し付けられるという問題は、チャプター3の2節で述べた内容にも通じる[8]。ユーザーに与える影響を考慮せず、ユーザーを特定の方向に導こうとして技術を設計する場合、その特定の方向とは基本的に技術の開発者が得をするような方向性である。技術開発研究には企業等の資本が入っている場合も多いため、あえて短絡的にいえば特定の商品の購買を促進したり、広告を多く見せるために長時間似た内容の動画に集中させたりするような、最終的にはユーザーに不利益が及ぶような方向にもつながる。つまり、ユーザーの自律性を考慮した適切な影響を考えず、説得や信頼感の醸成に重きを置いた研究のみになってしまった場合、技術を通じて企業や技術の開発者側が大きな権力を持つことにつながる。これは、AI技術を通じて開発者たちがユーザーに対して直接影響を与えることにつながっていく。

2つ目に、ユーザーの自律性を考慮しない、ユーザーに出したい情報を押し付けるだけのAIの技術開発は技術的な側面から見ても問題がある。ユーザーを誘導することによってユーザーの真の特性を把握することができなくなるという問題である。検索エンジンや推薦システムのようなAIシステムの目的の1つは、ユーザーの振る舞いを適切に把握して、よりその人のことを正確に表すユーザーのモデル[9]を形成することである。しかし、現状、ユーザーの振る舞いに基づいてより良い情報を提示するためのAI技術は、あくまでもユーザーの技術の利用時の一時的な好みを捉えているのみである。ユーザーが提示された商品などの推薦リストの中で実際に購入するものを適切に推薦できたか、といった非常に短期的な目標を達成することで評価されているのだ。

短期的な目標のみを考慮した、このようなAIシステムを開発することのデメリットは、今そのユーザーがいる状況が局所最適な状況なのか、全体最適な状況なのかというのが分からなくなるということである。つまり、ある時に最も精度よくユーザーの行動が予測できているとしても、それはあくまで特定の方向に誘導された場合のユーザーの振る舞いであり、他の要素が入った時（例えば外界から何らかの刺激が与えられたり、画面に違う要素が表示されたり）した場合、異なる状態に移り変わるかもしれない。その場合、そこまでつくっていたユーザーのモデルには意味がなくなってしまう。

こうした問題を回避するための1つの方向性が、ユーザーの深い意図を考慮に入れたAI技術を設計する、ということである。そのためには、単純に人間の一時的、反射的な行動を捉えるAI技術を開発するだけでは不十分だ。なぜなら、そのような行動をのみを捉えていると、ユーザーの振る舞いが記録されたとしても、ユーザーがどのような意図をもってそのような行動をとったか分からないためである。

そこで、ここではユーザー自身がAI技術が提示する結果に対して、うまくフィードバックを返していくことによって、AI技術に意図をくみ取らせる必要がある。そして、AI技術の方はユーザーがフィードバックを返すに足るだけの情報を説明できる必要がある。ユーザーがAIが出力した結果の理由を考え、自身の意図をできるだけ克明にAI側に伝える[10]というプロセスを以て、初めてユーザー自身に対して適切な影響が与えられる（図4-2）。

上記のような意味で、市民に対してAIを開放すること、ユーザーがAIに対してフィードバックを与え、ユーザー自身が適切な影響をこうむるように技術が設計されることが必要であり、そのために説明可能なAIが必要になるのである。

図4-2　ユーザーへの説明とAIへのフィードバックを通じたユーザーとAIの相互理解

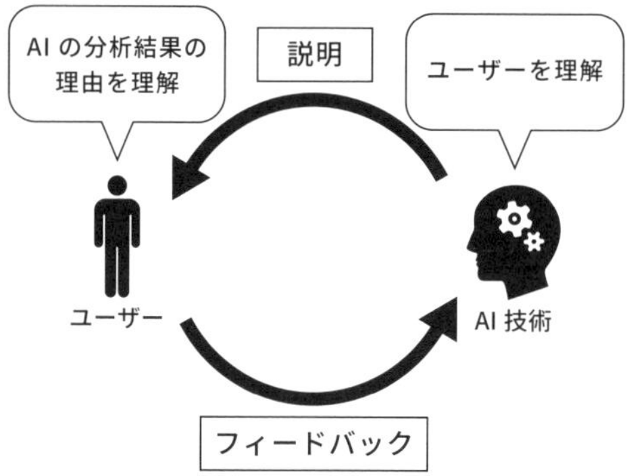

SECTION 2　説明可能なAIの技術

2-1　説明可能なAIの歴史

ここからは説明可能なAIの具体的な技術の紹介に移っていくが、その前に、まずは説明可能なAIの歴史を振り返ってみたい。

意思決定を支援するシステムから出力された結果の理由を知りたいという要望は歴史的には目新しいものではない。AIの研究が始まって間もない1970年代からそのような要望は存在している（Abdul et al. 2018）。人間の脳の構造を参考にしたパーセプトロンの技術（ディープラーニングの構成要素）自体は1960年代にはすでに存在していたが、パーセプトロンを複数層組み合わせたネットワークの挙動を理解可能にする工夫が必要であったため、研究が行われていた（Andrews, Diederich and Tickle 1995）。

その後、説明可能なAIの開発はAIの専門家以外の人々にどのように出力の理由を説明するか、ということに照準を絞って行われてきた。80年代のエキスパートシステムが医者などの専門家の知識をベースにして意思決定したことも、実ユーザーであるその領域の専門家たちに対して十分な説明を出力するという目的に沿ったものだともいえる。さらに、その後の2000年頃には、推薦システムの文脈で説明可能性という言葉が使われることが多くなった。例えばネットショッピングの文脈でおすすめの商品を出す時に、ユーザーが納得する説明の形式はどんなものかが調べられている（Herlocker, Konstan and Riedl 2000）。

その後、説明可能性という言葉は2016年頃に再度人目を引くようになる。それは主にアメリカ軍のための研究組織であるアメリカ国防高等研究計画局（DARPA）が説明可能なAI（Explainable AI：XAI）というテーマでの研究プロジェクトを発足させ、アメリカ内の大学の複数の研究グループに対して研究資金を提供し始めたことによるものが大きい（Turek 2016）。このプロジェクトはアルゴリズムから認知科学までの研究を幅広く包含しており[11]、人間のユーザーが解釈できる機械学習システム、AIの結果を人間に認識可能にできるようなユーザーインターフェイスの研究などが例として挙げられ、推進された。

この2010年代後半からの潮流がそれまでのAIの説明可能性に関する流れと異なるのは、この潮流がディープラーニング時代の機械学習技術を前提にしている点である。それまでは機械学習に特化した説明可能性を必ずしも必要とされていたわけではなく、どのような技術を使って説明可能性を実現するかについてはある程度の自由さがあった。しかし、ディープラーニング（深層学習）を中心とした機械学習をはじめとするデータドリブンなAI技術が広がった社会における説明可能性は、そうしたデータドリブンアプローチから離れて議論されることが難しい。なぜなら、研究開発とは主に技術の新たな可能性を拡張するために行われるのであり、現在議論される説明可能性は現在の最新技術の可能性を拡張することに主眼が置かれるからだ。そうした中で、さまざまな新たな技術が開発され、研究トピックが検討されるようになってきた。

2-2　AI技術を人間にとって把握可能にするための技術的な取り組み

ここからは、実際にそうした技術や研究の一端を紹介していこう。技術的には、例えばすでにあるモデルを近似的に表現する方法、そもそも人間が解釈できるようにAIのモデルをつくっておく方法など、いろいろな方法がある。前者の、すでに存在するモデルを近似的に表現する方法としてとくに有名なのが、出力された結果の中でどこがその出力の原因として効いているかを表示するLIMEやSHAPといった手法だ。例えばLIME（Ribeiro, Singh and Guestrin 2016）という手法では、すでに構築済みのモデルに対して、判別したいデータ（例えばある画像が犬の画像かそれ以外の画像かを説明したければその画像）を入れると、そのデータのどの部分が判別に寄与したかをヒートマップなどで示してくれる。処理としては、実際のブラックボックスな関数の出力に基づいて、判別したいクラス（この場合だと犬）とそれ以外のクラスの境界を近似的に表す説明可能なモデルを作成し、それに基づいてデータのどこが一番判別に効いたのかを示すということをしている。この方法は、説明可能なAIをつくる、というよりかはもともと存在するAIモデルに説明を加える別のモデルをつくり出す技術、と言う方が正しいかもしれない。

もう1つのアプローチは、そもそもはじめから人間が結果を解釈できるように手法をつくっておく、という方法である。こうした方向性のもとにつくられた技術を解釈可能なAIという。一般的な深層学習はそのモデル構築や識別などのプロセスを人間が追いかけることはできない。そのために決定木（データに基づいて分類タスクを解くために木構造の予測モデルを学習する機械学習手法のこと）などの結果を理解しやすくできる機械学習手法は存在するが、あまりにもルールが増えすぎて人間がその結果を認識できないなどの問題が生じる。そのため、人間が把握可能なだけのルールで、できる限り正しい結果を出す手法などが考案されている（Lakkaraju, Bach and Leskovec 2016）。

こうした近年の説明可能なAIの技術や、また歴史的に考えられてきたAIの説明可能性の議論はAI技術からの説明をユーザーに分かりやすく伝える、あるいはAIを信用させるようなやり方で伝える、ということが主であった。そこでは、ユーザーがAIに対して何らかのフィードバックを返すということは考えられていない。しかし、前述のとおり、人間のようなAI技術の結果を受けて変化してしまうような対象を分析するためには、単純に理解可能な説明を行うのでなく、その結果に対してフィードバック可能な説明を付け加える必要がある。そのためには、単に技術の内容を説明するというところから一歩進んで、ユーザーから適切な形でフィードバックを受け付けるような技術設計が必要になる[12]。

2-3 AIを人間の理解に近づける

ここまで、人工知能を説明可能にする技術が研究されていることを紹介してきた。本項では技術ではなく人間側の視点からAIを説明可能にする方法を検討していこうと思う。「AIを説明可能にする」といっても、あくまでも技術的に可能な方法で人間にとって「おそらく」有益な情報を表示して「説明」といっているに過ぎない。つまり、説明可能なAIの技術をつくろうとする時には、実際のユーザーに「どういう情報が必要ですか？」と聞いたわけではなく「技術的にはこういう情報を出すことが可能だし、多分こういう情報はユーザーにとっても有益だろう」という仮定を置いてAIにどんな内容を表示させるかを決めているということだ。こうした決め方が技術開発において一般的になっている。そのため、説明可能なAIが出力できる情報は実際のユーザーが求めている情報とは異なるかもしれない。どのような情報が使用者である人間に求められているかを探究する必要があるのである。

人間にとって必要な情報とは何か。そのことを考える際に、まずは人間が何を認知できるかを知る必要がある。大前提として、人間が視覚的に理解できることは限られている。人間は三次元までしか視覚的に認識できない。つまり人間が視覚的に認識するためには情報が点、線、面、立体、あるいは文字で表現されている必要がある。

ここで「視覚的な認識」が何を指しているかを説明したい。前述した三次元は、各特徴量を各軸とする空間を考えてAIの出力を明示するような状況を念頭に置いた時の、その空間の次元のことである。例えば、身長と体重からその人の体脂肪率が30％以上か以下かを予測するAIモデルをつくることと考えよう。AIは過去のデータに基づいて、どのような身長と体重の組み合わせだと、どれぐらいの体脂肪率になるかを予測したり分類したりすることができる。体脂肪率が30％以上の人を濃い色に、未満の人をうすい色にすると結果は**図4-3**のようになる。この**図4-3**を見ると身長が高くて体重が少ない人の体脂肪率は低く、その逆の人の体脂肪率は高いということが分かる。図中で点線で示されているのが体脂肪

図4－3　身長と体重に基づく体脂肪率の高低の分類

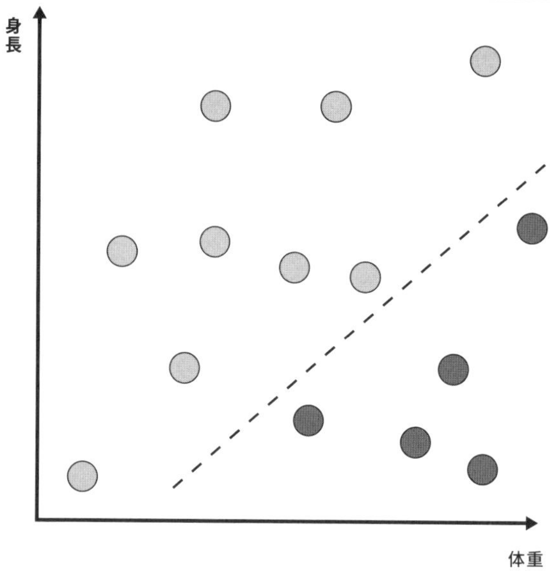

図4－4　図4－3の決定境界を棒グラフで表した例

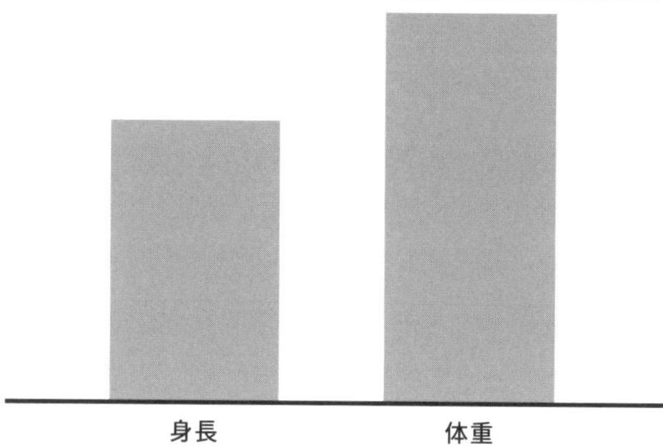

率30％以上と未満の人を分ける境界線（決定境界）だ。このような二次元での図示は考えている特徴量、つまり軸の数が身長と体重の２つのみであるために可能になる。ここに例えば腹囲という特徴量を付け加えると図は三次元になり、胸囲という特徴量を付け加えると１つの図で表すことはできなくなってしまう。視覚

的な表現が難しくなる、というのはここではこのようにデータの次元数が大きくなるような状態を指している。

もちろん、散布図以外のデータの表示方法もさまざま考えられる。例えば、各特徴量がAIモデルでどの程度重要視されているかを棒グラフで表示できる（**図4-4**）。**図4-3**のように散布図で表すよりは分かりにくくなるが、まだ普通の人が理解できるレベルの情報でAI技術からの結果を説明することができている。他にも、3つ以上の特徴量がある際に、その中から調べたい2つを選んでその2軸についてのみ平面の散布図で表示する、などの表示方法がありうる。

一方で人工知能で分析するデータの次元数には上限はない。何十次元、何百次元にも及ぶことになる。実際にはAIを用いても、そのような巨大な次元数のデータを扱うことは難しい場合があり、データを低次元の空間に変換する主成分分析(13)などの技術が用いられる。しかし、そのような技術を用いて変換されたデータ自体が四次元以上の次元数を持っている場合は、結果的に人間が視覚的に理解することは難しい。三次元以下に視覚化するために、さらに情報を変換したとしても、元のデータがどのように変換されたのかをユーザーに分かりやすく表示する必要がある。正直にいえば、残念ながらAIが分析するデータのすべてを視覚的に分かりやすく表示することは諦めた方がいい。むしろユーザーが求める情報を取捨選択し、限られた情報を提示するのが妥当な方法となる。

人間が把握できる情報を考える際に考慮する必要があるのは、人間はどの程度までAI技術の分析する情報を理解できればいいのか、ということである。情報のすべてを人間が視覚的に理解可能な形で提示することは難しいが、ではどの程度まで理解できればいいのだろうか。

単純にAI技術を勉強し、非専門家にも各々の技術について専門家並みの理解に達してもらうべきだろうか？ しかし、すべての人にそのような専門性を持つことを期待することは学習の労力や意欲の点からも難しいことは明らかである。すべての人にとって高度なAIの専門知が常に必要なわけではない。学校で習う程度の知識(14)は持っておいた方がいいかもしれないが、専門家になるほどまでの知識を全員がつける必要はないし、現実的でもない(15)。

AIに限らず技術一般を人間が理解する仕方の中で、一般ユーザーが自身が技術を使うために適切な理解を持つことを「技術のメンタルモデルを形成する」という。人間がAI技術を理解できるようにするために最初に目指すべきはAI技術についてのメンタルモデル（ジョンソン＝レアード1988）をつくることである。

このようなAI技術を適切に使うためのメンタルモデルを形成するためのインターフェイスをつくるための研究も行われている。2015年にTodd Kuleszaらがまとめたところによると、AIの判断に使われている情報を完全に、十分かつ多すぎない量を提示することでメンタルモデルを形成することができる（Kulesza et al. 2015）。Kuleszaは特徴量選択によって13個に限定した特徴量を13本の棒グラフなどを用いて表現し、ユーザーに提示してAIのメンタルモデルを形成するインターフェイスを提案している。こうしたインターフェイスは数十分ほど利用することで、ユーザーがAI技術の働きを理解できることを狙ってつくられている。特徴量の数が多くなっても、表示方法を工夫し、しばらくインターフェイスを利用してもらうことで、適切な理解を形づくるという方向性である。

しかし、こうした方向性にも限界がある。特徴量に対する重みや各々の値の持つ意味を表示することで理解を促すことのできるAI技術と違い、例えば深層学習のようなAI技術ではアウトプットを適切にユーザーに説明することは難しい。そもそも、データの加工の流れを１つのインターフェイスで説明しつくすことは難しい。したがって、いずれにせよAI技術でのデータ分析の中で結果に寄与する部分のどこまでを説明するかはその都度検討する必要がある。

SECTION 3 社会とインタラクションすることによるAI技術開発

3－1　技術開発の中で社会について考えることがなぜ必要か

ここまで、説明可能性を実現する技術、どこまでを説明可能にするべきかをユーザーの視点から検討するアプローチについて紹介してきた。ここで、技術、人間に加えてもう１つ「社会」という要因を考えていきたい。チャプター１で技術と社会の相互作用について触れたが、AIの文脈では技術が社会に対して与える

図4-5 特殊意思、全体意思、一般意思のイメージ

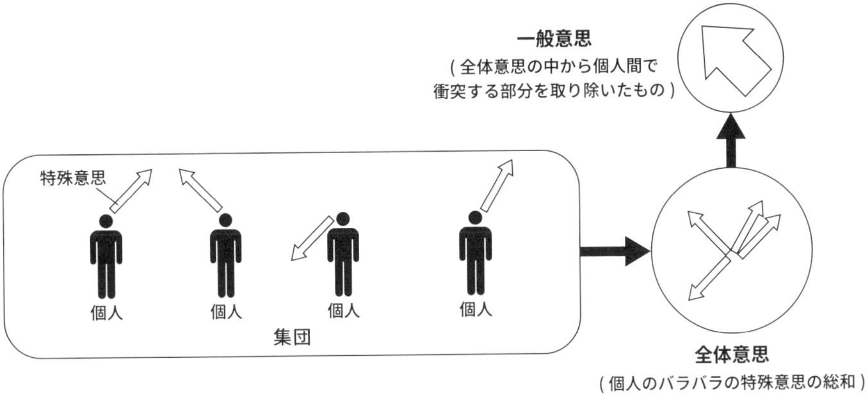

影響について研究コミュニティが自覚的になる動きが大きくなっている[16]。

なぜ我々は「個人」でも「技術」でもなく「社会」という要因を考える必要があるのだろうか。ここで、その理由をジャン＝ジャック・ルソーの「一般意志」という概念を用いて説明したい。唐突に感じるもしれないが、技術について考える時に人間と社会の関係も考えなければならないということは、あまり自明なことではない。個人について考えることと社会について考えることがどう違うかを古典的な議論に基づいて簡単に触れておきたい。

ルソーは18世紀の哲学者である。彼は、社会の中のそれぞれの人の意志を「特殊意志」、特殊意志の総和を「全体意志」、全体意志の中から個人同士の間で衝突する部分を除いたものを「一般意志」と名付けた（図4-5）。個人間で衝突する部分は一人で考えていても分からないので、一般意志は一個人の思考によって明らかになるものではない。社会の成員全体が１つの共同体として持つ意志が一般意思である。

例えば、現代の日本では、人々が投票によって国会議員を選び、その国会議員が法律を決めるという民主主義のプロセスがある。このプロセスを通じた国家の意思決定は一般意志を体現したものだ。一人ひとりの投票は特殊意志に基づくものであり、個々人が自分の１票に込める思いを足したものは全体意志である。しかし、国会の場で議論が行われる中で国民個々人の思いの中で衝突する部分が調停され、少数派の意見も検討され、国のルールが決まっていく。このプロセスは、特殊意思の中から個人間で衝突する部分を除いたという意味で一般意志を反映している（もちろん、ここでは理想的な状況を語っており、実際にこのプロセスが適切に機能しているかどうかはまた別の問題である）。ルソーのこの一般意志の議論は人民主権の基礎となっている。

さて、この一般意志の概念によれば、「社会がそちらの方に向かうことが民主主義的には合理的だが、個人にはそのことを認識できないような方向性」というものが存在することになる。なぜ個人が社会の向かうべき方向性、つまり、一般意思の向かう先を認識できないかといえば、個人が一般意志を知覚するには自分以外の人すべての特殊意志を知っていなければならないが、実際には他の人が（日本国内の場合は日本に住んでいる他の人が）何を考えているかを全員分知ることは不可能だからである。簡潔にいうと、一般意志を知るためには全体意志を知り、その中のどの部分が個人間で衝突するかを認識する必要があるが、個人間で衝突する部分を知るためには社会の構成員全員分の一般意志を知る必要があり、それは実質的に不可能である、ということだ(17)。

こうしたことを考えると、個人が何を求めているかだけでなく、社会が何を求めているかを考えてどんな技術をつくるかを考える必要があるということが分かる。つまり、社会に与える影響を考えて技術をつくっていく場合、個人個人に最適な技術をつくり出していくだけでは不十分で、社会全体が何を欲しているか、技術から社会がどのような影響を受けるべきかを考えて技術をつくっていく必要があるということである。もちろん、研究者は投票で選ばれるわけではないので、民主主義のようなプロセスで社会を考慮することは難しいが(18)、できる限り巨視的な観点に立った、社会に対して善をなすような技術を形づくることが求められる。

3-2　社会を考慮したAI開発の具体例：公平性配慮型機械学習

社会を考慮したAI技術開発の具体例を考えよう。代表的なものとして有名なのは、公平な意思決定を支援するAIをつくろうとする「公平性配慮型機械学習」の研究である。これは、機械学習のモデルから一部の人に対する差別的な要因を取り除くための技術だ。この技術はチャプター3の3-3のデータの偏りのところで触れた、AIが訓練データに含まれる差別的な傾向を持ってしまう、ということへの対処法の1つであり、本チャプターの1-1でふれた倫理的なAIの中の1つ、公平性（fairness）を担保するようなAI技術の研究である。

機械学習では人間の意思決定の結果を集積した訓練データに基づいたモデルをつくり、どのような条件であればどのような結果が得られるかを予測するというタスクが扱われる。このモデルを予測モデルという。例えば、銀行で融資対象とする人を決定しようとする時に機械学習を使う場合、以前にその銀行でどのような人に対してお金を貸したか、というデータを機械学習アルゴリズムで分析し、予測モデルを構築する。構築したモデルに基づけば、新しい顧客が現れた時に、その人のデータをそのモデルに入れると従来の意思決定の結果に基づいた結果が自動的に返される。

問題はこの「以前にどのような人にお金を貸したか」に基づいて予測モデルをつくり出してしまうところにある。モデルを訓練するデータの中に性差別や人種差別を助長する意思決定が含まれていると、構築されたモデルも差別的な結果を出力するようになってしまう。公平性配慮型機械学習の分野では、この問題を取り除くために、男女間、人種間のローン申請の承認率の割合や、モデルによる予測の精度の差などから公平性指標を設定し、それに基づいて公平性を担保するようなモデルやデータを作成することを目指す。

例えば、銀行の融資判断において白人よりも黒人に融資される確率が不当に少ないとすれば、白人の融資許諾率と黒人の融資許諾率の差を一定以内にする、などの指標が設けられ、そのような指標を達成するために黒人の中の誰に融資を追加で行うべきか、あるいは白人の中の誰の融資をやめるべきなのかを決定する、というようなアルゴリズムがつくられたりする。

この公平性配慮型機械学習のような技術は単純に技術的な性能を追求するだけでも、個人にとって理解可能なAIをつくることを追求するだけでも出てくるものではない。差別、公平性という問題は民主主義的な社会の中で初めて問題とされる事柄であり、そのような社会的な問題提起というのは、先ほど述べた一般意志のように、個人の考えとは一段階異なるレベルでなされているものである[(19)]。

3-3　人間の専門知識による拡張の可能性

個人にとって認識できない社会的な方向性を加味した技術開発研究は、研究コミュニティが能動的にそのトピックを探索し、開発を進めることによって初めて実現できるものである。しかし、一方でこの姿勢は研究開発コミュニティ側が社会に広がる技術を一方的に規定する権力を持ってしまうことになる。この懸念はチャプター２の３-３で述べたような、AI 研究の過程では実際のユーザーとの対話が必要である、ということにつながる。つまり、個人個人は認識できない社会的な問題に対応するための技術は、開発された後、きちんと個人の文脈に応じて設計され直すべきであり、すなわち、個人が自分の現場に対してローカルに持つ専門知を技術に取り込んでいくことが必要だ、ということである。技術は個人の意思を反映すべきであると同時に社会的な意識を反映すべきで、同時に人も社会も技術からの影響を少なからず受けている。人間の意思決定に使われる AI 技術の文脈において、社会、技術、個人は三つ巴のようにお互いがお互いに影響を及ぼしあう関係にあるのである（図4-6）。

こうした、社会的な問題を考慮してつくられた技術を局所的な文脈に落とし込むこと（ローカライゼーション）が必要なのは、AI 技術が開発される際に考慮されるのは非常に一般的な状況であり、必ずしも技術が利用されるリアルな状況ではないためである。前述した性差別や人種差別を防ぐ AI 技術を例に考えてみよう。仮に何らかの試験を通る人の点数をコントロールして差別を防ぐとすると、何点まで点数をコントロールすることが許されるだろうか。点数ではなかったとしても、人種や性別といった属性を考慮に入れるとすると、どのような属性であれば考慮に入れてよく、どのような属性はだめだろうか。これらの条件はその AI 技術が利用される状況によって多様であり、その技術が研究開発される時点ですべてが考慮されつくされているとは考えにくい。各ユーザーがおかれた状況と AI の開発時に想定された状況の間には常にギャップがあるのである。

ところで、こうした技術の専門家ではない一般の人々の知見を取り入れるべきであるという議論はここで初めて出てきたものではない。科学技術社会論では、専門家に一方的に権力が集まることの危険性を議論し、市民との対話を進めよう

図4-6　社会、個人、技術の間の相互の影響

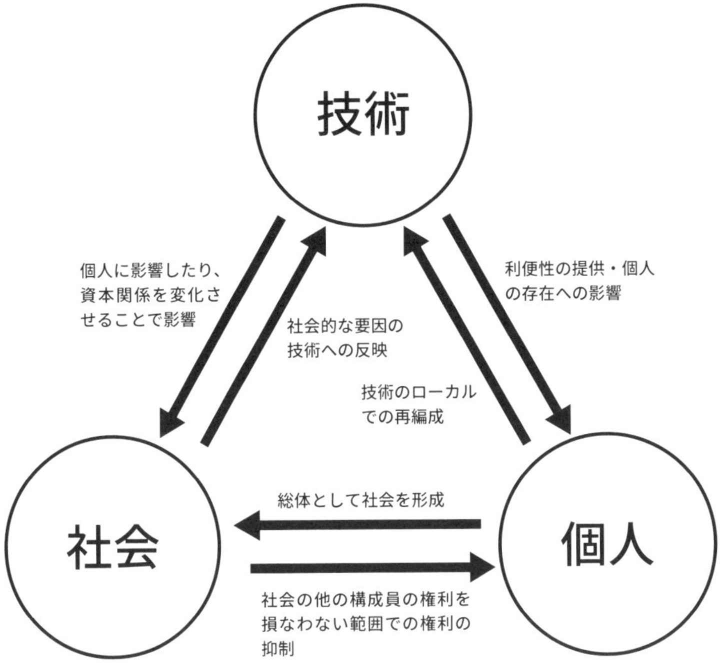

とする活動がなされてきた。とくに、科学技術がどのように市民社会に受容されるかを研究する「科学の公衆理解（Public understanding of science: PUS）」の文脈では、一般人の持つ知識を「素人の専門性（Lay expertise）」と呼び、科学技術の専門家に対して対等に位置づけようとしてきた。AIの例から離れるが、この素人の専門性について1つ有名な例を見ておこう。1986年のチェルノブイリ原発事故の後、羊の放牧が行われていたイギリスのセラフィールドという地域で高濃度の放射性物質が検出された。当初、イギリスの専門家は、3週間程度羊の出荷を止めれば問題ないと考えていたが、実際には汚染は数年に及んだ。この理由はイギリスの専門家集団が論拠にした論文の前提条件の1つである土壌の性質をしっかりと調査せず（現地の地質は酸性の泥炭質であったが、専門家らが参照した論文はアルカリ性の粘土質の土壌において実験を行っていた。放射性物質の吸着に関してこの性質の差が大きな違いをもたらした）、さらに現地の牧羊家の持っていた知識を

無視したことにあるといわれている（Wynne 1992）。現地の人は汚染物質がチェルノブイリから来たものだけでなく、もともと現地にあった原子炉から漏えいしているものであること、おそらく専門家が行った調査は不十分であることなどを察知しており、羊の食べる牧草の位置をコントロールしていたといわれている。PUSの議論ではこうした現地の人の知識を的確に利用すれば防げたかもしれない問題に関して、ローカルノレッジ、素人の専門性をないがしろにしたが故の問題であると指摘している。

これと同じことがAIに関しても容易に起こる。機械学習を代表とするデータドリブンなAI技術はデータの中にあることしか学ぶことができず、取得されていない情報をもとにして意思決定を行うことができない。また、そのAIのモデルの開発者がそのモデルが利用される現場の知について精通しているとも限らない。つまり、モデルの開発者とユーザーの間に、セラフィールドにおける国の専門家と牧羊家と同様の関係が生まれるのである。仮に、セラフィールドの例における土壌の性質のように、取得されていないデータが意思決定において決定的な役割を果たすものであった場合、AIの判断の多くは一見正しく見えたとしても、単なる疑似相関を表しただけになる可能性もある。いかにAIが正しそうな結果を出すとしても、常にユーザーの専門知を吸収して分析を行う必要がある。

こういったことから、技術の設計時や、技術の利用時にAI技術、あるいは専門家とユーザー自身がインタラクションを行い、ユーザー自身が技術を使う環境について持っている専門性を発揮できる機会を担保することが必要になる。ユーザー自身が周辺環境について持っている知識をAIの利用の中で適用し、ユーザー自身が持っている知識をAIにフィードバックすることで、「素人の専門性」を取りこぼさない、現実に即した技術開発ができるようになっていくのである[20]。

（1）公平性、透明性、答責性の3つの概念は共通部分もあるものの、基本的には独立した概念として語られる。例えば、透明性を高めることは答責性につながるかもしれない。しかし、そもそも会社や行政組織などがAIの結果に対して責任をとれる形態になっていなければ、いくら透明性を高めていったとしても答責性は備わらない。このように、重なりがあるとしてもこれらの概念一つ一つが独立な異なる概念である（Nakao et al. 2019）。

（2）社会技術システムの多様な問題を扱う国際会議であるACM Conference on Fairness,

Accountability, and Transparency（ACM FAccT）は2018年に学会として発足後、工学者だけでなく法学者、社会科学者など多様な専門性を持った研究者たちが集う場になっている。そこではGoogleやLinkedInなどといった欧米の企業からも多くの参加・発表がされている。

（3）「説明可能」と異なる概念に「解釈可能」というものがある。解釈可能なAIは、結果だけではなく、そのプロセス自体も解釈可能であるようにつくられたAIを指す。真に透明性が担保されたAIをつくろうとする場合は、説明可能なAIでは足りず、解釈可能なAIをつくる必要があるともいわれている（Rudin 2019）。この2つの違いに関しては本チャプターの2-2で述べる。ここでは一旦、人間に対して説明可能な結果を出すということを「説明可能」という言葉で表す。

（4）ここでユーザーに対して行われる説明は、解釈可能な技術によって行われている方が誠実であると考えられる。後でも説明するが、説明可能なAI（Explainable AI）はでき上がったモデルを説明するための別のモデルを作成する技術であるのに対し、解釈可能なAI（Interpretable AI）はそもそも結果を人間が理解可能なように分析するような枠組みになっている。

（5）より次元数の大きい、詳細なデータを一度に分析すれば詳細な物事の挙動が分かる、という考え方は、「ある事柄を説明するためには、必要以上に多くを仮定するべきでない」とするオッカムの剃刀という考え方に矛盾する。例えば大量の説明変数を導入してモデルを構築することは、訓練データに対してモデルが過度に適合することでより一般のデータに適用できる性能（汎化性能）が低下することにつながる。しかし、説明変数をそぎ落とした後のモデルすらも人間にとっては理解が追い付かないケースはありうる。したがって、複雑な事象を分析する時にAI技術を用いて自動化していくという方向性は妥当だと考えられる。

（6）こうしたAI技術を用いることによって可能になるこれまでの科学で考えられてきたパラメータよりも多くのパラメータを考慮に入れた科学を情報学研究者の丸山 宏 氏は高次元科学と呼ぶ（丸山 2019）。

（7）自律性とは、ここでは個人が自分自身で、自分自身に施される内容を受け入れるか否かを決める権利を有するということを指す（Floridi et al. 2018）。

（8）科学研究には研究資金を出す政府や企業が目指す方向性が反映されているので、資本的な権力から完全に自由であるということはないという内容。

（9）ここでいうモデルとは、ユーザーの属性を入力したり、ユーザーの選好行動を入力したりするとその人の好みに適した商品や情報を提示してくれるような数式のことである。ユーザーのモデルが正確である時、特定の文脈のみに応じた推薦を行うのではなく、その人がいろいろな状況に置かれた時に、その人に適した情報を提示することが可能となる。

（10）もちろん、ユーザーがどのような影響を与えようとするか、ということまでAI側からの説明で誘導することは可能になるのだが、適切な影響を与えるということを主眼に置くと、そもそもそうした誘導自体が目的に合わないものになる。

（11）このDARPAのプロジェクトが含む領域は非常に広い。同じXAIと言ってもアルゴリズムの研究をしている研究グループとインターフェイスの研究をするグループは交流もあまりない場合も多く、投稿する学会も違う。一口にXAIの専門家、といってもそこにはかなりの幅がある。

（12）ここで、ユーザーの振る舞いを正確に分析することはよりユーザーのことを監視できることにつながるという見方もありうるかもしれない。しかし、ここで理想として考えているのはAI技術がどのようなことを分析しているのかということもユーザーに対して理解可能になっているという意味で、AI の側も隠し事ができない、ユーザー側からハック（改変）することが可能な AI の技術像である。

(13) 多次元のデータの中から最もばらつきに差が出る直行軸を特定し、人間が理解しやすい次元にデータを落とし込む手法。

(14) 2022年度から施行される指導要領では高校の情報Ⅱにおいて機械学習の基本的な内容が含まれるようになった。総務省統計局からは Python のコードを含む補助教材も提供されている（総務省統計局 2021）。

(15) これは、我々が電子レンジを使う時にその仕組みを詳しく知っている必要はないのと同様である。

(16) 例えば、日本では2017年に人工知能学会の倫理指針が定められ（人工知能学会倫理委員会 2017）、海外でも IEEE の Ethically aligned design（The IEEE Global Initiative on Ethics of Autonomous and Intelligent Systems 2017）など、AI 技術を含めた情報技術の社会的影響を考慮したさまざまな指針が打ち出されている。

(17) なお、無条件に一般意志の正しさを主張するルソーの議論は全体主義につながるという批判も存在し、その是非は現在でも議論されている（例えば加藤（2019）でもルソーの議論につきまとう全体主義の批判が紹介されている）。しかし、社会という共同体には一個人が考慮することのできない意志が存在する、という議論は現代でも妥当である。

(18) 国から提供される研究費は民主主義のうえに成り立つような仕組みといえなくもないが、国から研究費を拠出する研究内容に関する議論が選挙の争点になることはあまりなく、直接的に国民の意思を反映する仕組みであるとは現実的に考えにくい。むしろ、基礎研究費用の拡充などを訴えるロビイング活動が展開されている。民主主義的なプロセスの結果、例えば高齢化社会に対応する技術目標などが立てられる場合はある。しかし、一つ一つの細かな技術課題が社会的な課題から形づくられることは依然としてまれである。自身の研究が社会にどのように役立つかを説明することは必要ではあるが、研究費の取得によって研究者自身が（科学的貢献以外の）社会的な貢献を義務的に求められることは基本的にはない。

(19) AI の研究コミュニティはこうした社会的な要因を考慮した技術開発を行うことによっても、社会との相互作用を行っている。こうした社会的な要因を考慮する動きは、AI コミュニティが持つ一般社会への答責性を果たす行為であると捉えることができる。技術単独で答責性を担保することは難しいと考えられるが、コミュニティの動き全体として技術の答責性を果たそうとする動きであるとも見ることができる。

(20) ユーザー自身が持っている知識をフィードバックできる AI 技術として、ここでは、ユーザー自身が AI システムが提示してきた結果に対して、判断根拠の中で違うと思う部分や判断自体を変更する機能を持つような技術をイメージしている。

Chapter 5

人間とAI技術のあるべき関係性

SECTION 1 人間を力づける条件

ここまでAIをつくる際の、つくり手と一般ユーザーの対話の必要性について述べてきた。ここからは、今後どのような技術開発が行われるべきなのかを考えていきたい。

あるべき技術開発とはなんだろうか。本チャプターでは、技術哲学を参照してあるべき技術開発を考えたい。技術哲学では技術と人間の関係を、第三者的な観点から分析する。第三者的な視点というのは、技術をつくる側でもなく使う側でもない第三の視点という意味だ。国家の権力の行使は三権分立に基づいて常に二者間ではなく三者が相互に批判しつつ成立するようになっている。技術開発という権力の行使も第三者から反省を促されつつ行われるべきである。技術開発を反省的に振り返る学問の中でも技術哲学はより分析的に人間と技術の関係を明らかにしてくれる。

あるべき技術開発の中でも、本チャプターではとくに「人間を力づける条件」を考えた技術開発がどんなものかを議論したい。ここまで度々触れてきたように、AIにかかわらず、一般的に技術は人間の助けになる面も大きいが、人間の予想を常に裏切る側面も持っている。しかし、裏切る反面、やはり技術は人間の意図を基にしてつくられている。技術は人間を裏切りながらも人間の意図を反映した存在となっている。そうだとすれば、つくり手の予想を裏切ったとしても、想定の範囲内の裏切り方をするような技術にはできないだろうか。

とはいえ、近年の原子力発電所に関するさまざまな問題や公害問題を考えれば、そんな都合のいい技術ばかりではないことは明らかではある。つまり、人間に役立つ技術をつくろうとしている場合、常に人間にとって未知な部分、コントロール不可能な部分があることを我々は受け入れる必要があるということだ。しかし、完全なコントロールは不可能であるということを認めて、つくり手が責任をまったく取れない影響を与えるような技術を量産し続けることは誠実ではない。それでは意図的に問題となるものをつくり続けていることと何ら変わらないからだ。

そこで、コントロール不可能な部分の中にも人間に理解可能な部分を両立できるようにしておく必要が生じる。これは、さっき言ったことと一見矛盾する。つまり、人間の意図に即してつくられた技術がコントロール不可能になることは受け入れなければいけないのに、コントロール不可能になった部分の中にも人間が解釈できる箇所を残しておかなければならないということだからだ。

人間の意志を反映しつつ、人間にとって把握しきれない影響を及ぼしうるテクノロジー、そしてその影響を無視することは決してできない人間。この両者の関係の中で技術が人間を力づけるものになるために必要なのは何だろうか。それは、人間と技術が相互に不断に変容していくことである。もし技術が人間にとって理解できない不測の結果を出すようになれば、その原因はすぐに究明され、技術が修正されるべきである。一方で、技術を開発・運用する側の体制や、人間の認識が技術の発展に追いついていかないのだとすれば、人間の側が変容し、知識を拡張していく必要がある。

この必要性は、すべての技術・人間社会の形態が最終形ではない、ということを意味する。これは人間によるモノづくりは常に仮説的であり、技術の運用は常に社会実験という性質を伴うということである。ある１つの素晴らしい技術も、その技術を取り巻く環境が変われば、まったくの無駄になることもある。ある環境では人間の力になった技術が、ある環境では人間が生きる環境に深刻なダメージをもたらすかもしれない。

技術というのは人間によってつくられると同時に、人間の他者であるという不思議な存在だ。そのような存在をどのように把握し、操作するのかということについて、今の社会ではどのようなことがいわれ、学問的にはどのような考え方が提示されているのかを見ていこう。

SECTION 2 環境になっていくAI技術とその自然的でなさ

2-1 現代の技術的環境となっていくAI技術

まず、人間と技術が相互に変容するために何が障壁になっているかを考えてみたい。人間と技術の相互変容の最も大きな障壁になるのは人間の、「技術はどこからか与えられたもので自分たちには変えることができない、変えるべきではないものである」という錯覚である。この錯覚は、技術の在り方が先にあり、それによって一方的に社会が規定されてしまうという技術決定論的な錯覚である。技術というのは人間社会とは独立なところでできていて、いつの間にか人間の側が新しい技術への対応に迫られる事態に陥っていく、と考えるというようなことだ。

このような考え方は昔から根強い。あるテクノロジーさえできればバラ色の未来が訪れることを説く未来予想を目にしたことがない人はいないだろう。現在のAI の文脈では技術がさらにインフラ化(1)したことによってこの見方がより根強くなっているように感じられる。インフラになるということは、今後の社会がAI 技術を基盤として成立していくということだ。人とつながったり、情報を収集したり、新しく何かに触れようとするタイミングで、現代では AI 技術の影響を免れることはとても難しい。AI 技術は人間社会において環境の一部となっている。技術的環境から逃れられない社会になっていくと、人間は環境に溶け込んでいる技術をより「自然」で所与のものだと感じやすくなっていく。

機械と人間が一体となって新たな存在になっていくという議論を展開している学者は国内外に多く存在する(2)。彼・彼女らの議論では、技術と人間が向き合った時に人間の認知や身体的特性が AI 技術によって拡張され、新たな存在になるということが語られている。筆者も、こうした議論に関して異論はない。究極的に、技術と人間は相互に影響を与えながら新たな存在になっていくものと考えられる。

こうした人間と AI をはじめとした技術との融合の末に格差や分断が進行する

のではないか、ということを懸念する論（ハラリ 2018）もあれば、格差や分断が進行した後の世界においてはそれぞれの人々が自分の世界に閉じこもるが、それで誰も不幸になることがないから問題ない、とする論もある（落合 2018, p.213）。

実際に、AI やコンピュータが人間社会の環境をつかさどるようになっていくことは良いことなのだろうか。そもそも、例えば一部の論者が唱えるように AI をはじめとした技術群は石や木と同じように自然の一部のように考えてもよいのだろうか。すべての社会的・自然的な営みがコンピュータ上に模倣され、新たな自然が構築され、そのうえで人間は新たな存在になっていくのだろうか。

筆者は、技術自体を人間のような自律的な主体と考える考え方、またその延長として、技術が人間の手を離れて振る舞った結果として人々の共同幻想を支える概念となり、「神」のような扱われ方をするようになるというような考え方に対しては否定的な立場である。例えば、技術によってより効率の良い世界が実現される、自律分散型の技術を通じた評価経済が精神的基盤、精神的よりどころとして機能し、社会が発展していく、という思想が語られる場合もある（落合 2018, p.126）。しかし、筆者は以下のような理由でこうした見方を完全には正しいと考えていない。

それは、このような思想は技術的環境によって人間が規定されてしまうという議論を導くからである。実際の自然環境によって人間存在が規定されていくという側面はある。例えば、和辻哲郎（1979）は『風土』でモンスーン型や砂漠型といった、その地域の風土に基づいて人間存在が地域的に規定されうることを論じた。しかし、和辻が論じたような抗うことのできない自然と違い、技術はあくまでも誰かの意図に従ってつくられる。加えて、技術を民主主義的に刷新する正当な手続きは未だ整備されていない。技術をある種の自然・神のような位置づけにしていくことは、その誰か、つまり技術をつくる権利を持った一部の人びとにとって自らの手で変革可能な都合の良い神をつくる都合の良い思想となりうる。技術を人間の精神性や神と同一視する考え方は、技術決定論（技術的な要因だけで社会が変革していく、という見方）をよりラディカルにした、一種の技術的な宗教のようなものだと考えられる。

2-2　誰かの意図を自然のものと錯覚するリスク

AI技術が人間を含めた自然と異なる点として、AI技術は勝手に進化しない。生物は突然変異を繰り返し、自然淘汰を繰り返しながら進化しているが、AIを含め、テクノロジーが突然変異で進化するということはない[3]。機械学習モデルには外部から設定しなければならないハイパーパラメータという変数が存在する。ディープラーニング（深層学習）のノードの数や層の数がハイパーパラメータにあたる。進化というのはものすごく長いハイパーパラメータチューニングである[4]。人間の脳や身体は現在技術でクリアできていない多様な問題を自然環境に適応する中で乗り越えてきた。例えば、人間の脳は高度な思考ができるにもかかわらず、消費電力がとても少なく済んでいる[5]。脳が消費するエネルギーが大きすぎれば動物は餌から補えるエネルギーが足りなくて死んでしまうし、エネルギーが少なく済んでも外界をうまく認識できなければ捕食者に食べられたり餌をとれなかったりしてすぐに死んでしまう。人間の脳はこうした条件の中進化した結果としてできあがったものである。

人工知能は何らかの形で知能を形づくろうとする取り組みだが、今のところ効率よく学習が進むようにかなりの部分を人間が調整する必要がある。外界と自由に相互作用して進化するわけではない。だから、進化という意味ではAI技術は誰かに進歩させてもらわなければ前に進むことができない自律性に欠けた存在である。誰かに進歩させてもらう必要が出るとすれば、当然技術を進ませてやる「誰か」がいることになる。それが開発者であり、自分の意図を技術の中に含ませることのできる存在である。AI技術は自動的・自律的に人間のあずかり知らぬところで勝手に発展していくような自然とはまったく異なり、あくまでも人間が発展させてやらないといけない（しかし人間の思いどおりには動くとも限らない）「機械」なのである。人工知能が人間のような知能を持つ、という言説、また情報技術が自然を表現しつくす、または代替するという言説は、自然のものと人間が恣意的につくり出したものの差異を見過ごしている。

しかし、人工知能の恣意性に反して、人工知能の「知能」を自然の知能と同じようなものだと見なす言説が世の中にはあふれている。人工知能は生物の知能をシミュレートしたもので本質的には同じものである、という言説は、自然の生物、とくに人間の知能を再現したものが人工知能の知能であるということを是とした言説である。しかし、繰り返すが、こうした言説は、それを発する人が意図する、しないにかかわらず、一般のユーザーの周りに、AI技術を開発する主体の意図があふれることを容認してしまっている。

何かの物事を自然なものと見なすことは、そのことについての一切の批判をなくすということである。誰かの意図が技術を通じて一般のユーザーの周りにあふれることを容認する言説である。チャプター3でも述べたように、AI技術の研究は国や企業を通じて商業的な動機によってドライブされている場合が少なからずある。国や企業といった大きな権力を持つ組織がつくったものを所与で不変なものであるとする考え方は自分たちの生き方をそうした組織の誘導する下に置いてしまうという点で、権力から自由ではない。

無意識に権力構造に誘導され、自由ではない人生を送ることを防ぐために、一個人としての我々はこうした流れには抗っていく必要がある。そして、そのためには、こうした構造からの誘導に抗するための言説、そして技術が必要になる。

SECTION 3 AI技術と他者関係を築く

3-1 能動的に人間に関わるAI

技術的環境、そしてそれに伴う権力構造に抗うためにどうすればいいかを考える前に、もう少し今の人間が置かれている技術的環境の特性をよく見てみよう。我々が置かれた技術的環境は、ちょうど我々にとっての窓のような役割を果たしている。それを通じて知らない世界の情報に触れさせてくれるような窓である。しかし、物理的な世界のガラス窓と違って、ありのままの姿を我々に見せてくれるわけではない。我々をウェブの世界に開いてくれる検索エンジンや動画共有サービスなどの情報サービスには少なからずAI技術が利用されている。ここまで見てきたようにAI技術によってキュレーションされた世界は何らかの作為が入った外界の一部である。我々は透明なガラス窓から外を見るのでなく、何らかの加工を施された、色ガラスや魚眼レンズがついたような窓を通じてしかウェブの中の外界を見られなくなっているのである(6)。

さらに、この窓は自律的に（あるいは、単に勝手に）自身の性質を変化させてしまう側面を持っている。本書でたびたび身近なAI技術の例として取り上げている検索エンジンやAmazonやYouTubeの推薦システムだが、これらは一人ひとりに対してどのようにアイテムを提示するかを完全にAI技術の側が決めている。そして、AI技術がどのように挙動するかのポリシーは開発者側が決めている。そのため、技術に含まれた意図が間接的にユーザー側に反映されるようになる。

もちろんそれぞれの人の挙動をAI技術の管理者が逐一見ているわけではない。ユーザーからのフィードバックに対してAI技術はレスポンスを変えることで能動的に働きかけている。ここでAI技術は自然な知能は持たないが、一方で管理者の手から離れても動く、ある種の自律的なエージェントとなるのだ。AI技術がインフラ化した後の技術的環境は、技術の開発者の意図を反映しつつ勝手に映すものを変えていく窓から世界を見ることを我々に強いるのである。

3-2　外界を見るテクノロジーと人間の築く関係性

外界を見るための技術としてのAI技術と人間はどのように付き合うべきか。それを考えるために技術哲学を参照してみよう。技術哲学者のドン・アイディ（Ihde 1990）は人間が技術と接する接し方を4パターンに分類した。さらに、そのうちの2つをピーターポール・フェルベーク（2015）という学者は拡張し、サイボーグ志向性と合成志向性という分類を議論している。

アイディが分類した人間と技術の関係性は4つ、身体化関係（embodiment relations）、解釈学的関係（hermeneutic relations）、他者関係（alterity relations）、背景関係（background relations）である（Ihde 1990, p.72）。1つ目の身体化関係は視力の弱い人がメガネを、タクシードライバーが運転する車を体の一部と感じるように、技術が使用者によって身体化される関係である。技術と人がこの関係を結ぶ時、人はその技術（例えばメガネ）を通して外界を知覚するが、人がその技術を意識することはほとんどない。技術は透明な存在になってしまうのである。

２つ目の解釈学的関係は、温度計のようにそれ自体は経験はつくり出さないが、ある値を提供し、それが読まれて解釈されることで実在するものの代理物として実在するものを表現するような関係である。身体化関係の時には、技術はそれを使う人の側に付帯して透明に認識されたが、解釈学的関係では技術は外界の側に付帯して、技術が伝える外界の情報が外界それ自体のように捉えられる、というようになる。つまり、実際に体で感じる熱い・寒いという感覚よりも温度計に表示される温度が外界の温度を表象していると感じるような関係である。

つづいての他者関係は、ATM でお金を引き出す時のように技術的人工物が人の経験の目的物となるような関係である。この関係においては、前の２つの関係のように技術を通じて外界が意識されるというよりかは、技術そのものが意識され、外界は背景として必ずしも意識されない。ATM からお金を引き出す際に ATM の裏側のシステムを意識することはないのと同様である。

最後の背景関係は、冷蔵庫が自動で冷却機能をオン／オフするような、技術が我々の経験の背景をなすという関係である。ここでは技術も外界の背景になる。しかし、この背景になった技術が一度壊れると、我々の生活は異常をきたす。例えば、冷蔵庫が壊れれば我々の食生活は変化するだろう。このように、人が意識的に技術と関わっていなくても、常に技術と人が関係しているというのが背景関係である。

フェルベークは、これらアイディが提案した４つの関係性のうち身体化関係を拡張してサイボーグ志向性を、解釈学的関係と他者関係の中間のような概念として合成志向性を提案した。１つ目のサイボーグ志向性が現れるのは、視覚障害者の視覚の増強のためにマイクロチップが埋め込まれているような場合、人の気分が抗うつ剤でよくなる場合のような、人間を物理的につくり変えているような状態などである。フェルベークによれば、これらの関係はメガネをかけたり電話で話すような身体化関係と区別され、人間自体が新しい存在者になっている新しい関係である。

もう１つの合成志向性は、例えば、人間には見えない電波からある星の視認可能な像をつくり出す電波望遠鏡で星の像を見る時などに現れる。この時、人は実際に自然に人間が知覚できる何らかの形態を知覚しているわけではなく、技術がどのように対象を知覚するかを知覚している。この時、確かに人は自然現象を技術による表現に基づいて解釈しているのだが、その表現自体は実際に実在するものの正確な表象ではない。つまり、温度計や魚群探知機のように、実際に人間が知覚できる経験を数値化、可視化して解釈可能にする、という技術ではなく、そもそも人間には経験できない何かを技術が経験し、それを人間に経験可能な実在として映し出しているのである。このような状況を、フェルベークは技術が自らの知覚できる世界に向かった結果生じるものに人間が向かっている（志向している）ということで、合成志向性と呼んでいる。

3-3 人はAI技術とどのような関係を築いてきたか

さて、アイディやフェルベークが考案した6つの技術と人間、（そして外側の世界）との関係性の中で、我々が考えているAI技術はどのように定位されるだろうか。困ったことに、AI技術は使われ方によって人間と外界との間にいかようにも入り込むため1つの関係性に固定されることはなく、どこにでも定位されうる。つまり、AIはある時は背景、ある時は他者、ある時は解釈の対象、合成志向性の対象であり、また場合によっては身体化関係・サイボーグ志向性を持つ技術として身体に埋め込まれることもありうる。

具体例を挙げよう。例えば、検索エンジンを使う時に、自分の利用履歴に基づいて検索結果が変化するが、これはAI技術がユーザーに対して特定のレスポンスを出すために「よきにはからって」そのユーザーに対して提示する情報をパーソナライズをしてくれているためである。このようなパーソナライゼーションの技術は、一般的に背景的な関係として作用している。冷蔵庫が内部の温度を保つ時に外界の温度をどのように知覚して冷却装置を作動させているか我々の多くが知らないように、検索エンジンが我々のどのような検索行動をシグナルとして捉え、我々一人ひとりに合わせた検索結果を提示しているのかは一般ユーザーが知るところではない。一方で、検索エンジン自体は、人間の外界に対する認知を拡張してくれている面では身体化関係を結んでいるともいえる。検索エンジンというそれを通じて外界を見ることができる身体的関係を結ぶ技術の背後で、背景的な関係を持つパーソナライゼーション技術が動いている、というような形である。

一方で、チャットボットのような対話のための技術は人間との間に他者関係を結ぶ。Alexa、Cortana、りんななど、人のような名前が冠されることが多いことも象徴的である。このようなAI技術では目的の有無を問わず、人の対話の相手となることが目指されている。外界を解釈するわけでもなく、人間を拡張するだけでもなく、ただ他者として志向されることが求められている。これはまさにAIと人間が他者関係を結んでいる例である(7)。

これらのAI技術の中で、パーソナライジング技術やレコメンデーションの技術は人間にまったく見えない状態で人間と関係しているものとして代表的である。この見えない技術の影響こそ、人間にとって可視化され、把握可能、操作可能にされるべきである。なぜなら、背景関係を結んでいるAI技術こそが、人間が気付かない間に外界を捻じ曲げて伝えてしまうためである。したがって、今まで背景関係を結んでいたAI技術も、他者関係に引きずりだし、人間にとって自覚的に対処できるものにする必要がある。

3-4　AI技術と他者関係を築くために人ができること

AI技術を他者関係に引きずり込むために何をすべきだろうか。そもそも、人工知能と他者関係を結ぶとはどういうことだろうか。先述したとおり、チャットボットに代表されるような、もともと他者関係を結ぶようなシステム以外の状況では、人工知能は人間と背景関係を結んでいる場合が多い。つまり、人間に意識されないところで勝手に人工知能が作用しているという状況である。よく人工知能はブラックボックスであるといわれるが、それは人工知能が背景に溶け込んでしまってユーザーの前には姿を現さないことを意味している。

チャプター4で述べた説明可能なAIの潮流は、このブラックボックス性を打破し、背景になっている技術を前景化することを目的としている。人工知能が把握している世界を人間に知覚可能な形で明らかにすることで、自分たちの目に見えないところで何が作用しているかをユーザーに明らかにしようとする動きである。

一方で、こうして明らかにされたものは、世界のありのままを我々に示してくれるわけではない。あくまで、AI が知覚した世界を示してくれるだけである。この意味で、説明可能な AI の技術というのは、最もそれがうまくいったとしても技術と人間の間にフェルベークがいうところの合成志向性をもたらしてくれるに過ぎない。つまり、説明可能な AI は人間が知覚できるありのままの姿を明らかにしているのではなくて、AI が知覚した世界を明らかにしてくれるだけ、ということだ。たとえるなら、カメラでとった景色をそのまま見ているではなくて、画家が自分の解釈で書いた光景を絵画として知覚しているのに近い。画家のルノワールとセザンヌが描いたサント＝ヴィクトワール山の姿が同じ対象を描いているにもかかわらず、明らかに異なった筆致で描かれており、それが画家による認識の違いを表しているようなものだ。ある AI のモデルが知覚した世界は異なる AI モデルが知覚した世界とも異なる。まして実際の現象のありのままの姿とはまったく異なっているのだ。

説明可能な AI ができることは、あくまで人工知能の見ている世界を我々に明らかにしてくれるだけである。その説明を人間に分かりやすく示そうとしても、それはある意味で本当の認識を捻じ曲げるだけであるし、また人間の側も説明が分かりにくいからといって文句を言うことはできない。これは、必ずしも人間の認識できるものだけで分析対象が十分に分析されているとは限らないからだ。

このように、機械との合成志向性的な関係は人工知能側の世界の解釈を所与として考えている。しかし、人工物のいいところはそれを人間の手でつくり替えることができるところだ。機械による世界の解釈は所与ではない。その使い手が解釈の仕方に影響を与えることができる。この、解釈の仕方に影響を与えようとする考え方こそが、他者関係に引きずり込まれた AI 技術と向き合うための考え方である。

影響を与えるためにできることは、単純にいうと人工知能の技術について勉強することである。AI 技術に何を入力するとどのように変化するか、そのインプットとアウトプットの関係を理解できるように実験を繰り返すことが我々にとってできることである。この時には、最低限の統計や数学のイメージを持っておくことは有利に働くかもしれない。ここでは技術的な環境を本当の自然環境のように捉えて、何かを試した時にどういう結果になるかを確かめる実験を行うことには意味があるだろう。

しかし、もちろん人間が自身の努力だけで技術的環境を他者関係に引きずり出すことには限界がある。技術からの歩み寄りがどうしても必要になる。次のチャプターでは、技術が何を考えてつくられる必要があるのか、ということを考えていく。

（1）社会学者のスーザン・リー・スター（Star 1999）は情報インフラなどの研究からインフラの10個の特徴を挙げている。
・埋め込み性（embeddedness）：インフラは他の構造や技術の中に沈み込んでいる。
・透明性（transparency）：インフラは目に見えない形で（意識せずに）使われる。
・到達度とスコープ（reach or scope）：空間時間的に、インフラは1つの出来事や1カ所での実践を超えて到達する。
・メンバーシップの一部としての学習（learned as part of membership）：共同体の一員になるためにインフラに親しむのが必須。
・実践の慣習との関連（links with conventions of practice）：インフラは共同体の習慣を形成したり習慣に形成されたりする。
・標準の体現（embodiment of standards）：インフラは標準化されたやり方によって他の道具やインフラとつながり見えなくなる。
・インストールされた基板上での構築（built on an installed base）：インフラはすでにある基盤に基づいてつくられ、基盤の強さも限界も受け継ぐ。
・故障の際に可視化される（become visible upon breakdown）：インフラは、壊れた時には目に見える（意識される）ようになる。
・モジュールごとに固定される（is fixed in modular increments, not all at once or globally）：インフラはトップダウンにではなく、時間をかけた交渉に基づいてシステムの他の側面と調整しながら変化する。

（2）例えばフェルベーク（2015）や落合（2018）など。

（3）人工生命の研究などで突然変異がシミュレーションされることはあるが、それはテクノロジーというメディア自体が進化したわけではなく、そこから出てくるシミュレーションの結果に変化を生み出す工夫をした、ということに過ぎない（例えばLehman et al. 2020）。

（4）これはある同僚が雑談の中で言った言葉である。

（5）大体20Wほどだと言われている（高橋 2022, p.47）。

（6）しかし、透明なガラス窓を通じて見える世界が限られているように、何らかのキュレーションの技術を使わなければ我々が観測できる外界の範囲も限られたものになってしまう。AI技術は確かに商業的、体制的な意図が含まれた技術ではあるが、同時に我々が見る世界を広げてくれる技術でもある。

（7）身体化関係やサイボーグ志向性については、少し慎重に考える必要がある。サイボーグ志向という言葉で、フェルベークは物理的に身体が変容することをイメージしている。しかし、AI技術そのものが身体を物理的に変容させているとはあまり言えない。そういう意味では、AIの身体への関りはあくまで間接的なものとなる。例えば、ロボット義足（遠藤 2020）では、膝を曲げ伸ばしする動きを数理モデルを用いたモーター制御で実現する。仮に、このロボット義足がその人固有の動き方を機械学習で学ぶようになっていったとすると、この時 AI 技術はどのような役目を果たすだろうか。この時に実際に人の身体と相互作用するのは物理的な義足それ自体であり、義足と人との間の関係は身体化関係である。しかし、その関係を可能にするものとして AI 技術が使われている。したがって、あくまで AI 技術はこういった時には背景関係となっている。しかし、こうした背景関係が技術と人間の間の身体化関係やサイボーグ志向性を後押ししていると考えられる。他にも、創薬に役立つ AI は、人を物理的に変化させる薬をつくることを支援するという点でサイボーグ志向性を支援する役割を担っていると考えられる。

Chapter 6

人間を自律に導くAI技術と技術哲学の実現

SECTION 1 社会を拡張するためにAI技術にできること

1-1 技術開発の中での社会と人間の理解

人間が技術を理解することで技術を他者関係に引きずり出すことを目指すと同時に、他者関係を促進するように技術の方はどうなっていけばいいだろうか。少なくとも、AI技術は人間の理解可能なものに近づいていくべきだが、どのように近づいていけばいいだろうか。本書では度々、技術、人間、社会という3つの観点からでAI技術や技術一般を議論してきた。ここでもそのことを強調したい。技術が人間を力づけるものになっていくには、技術の中で社会と人間が理解されている必要がある。

社会と人間はどちらもそれに関する学問があるほど大きく、複雑な存在であり、そのすべてを理解することは到底不可能である。ここでは、人間と社会のすべてを理解しつくすことを求めるのではない。むしろ、技術開発の際にはその特定の側面について注意していくことが必要になる。それを踏まえて、ここからは社会や人間のことを技術開発の中で考えるというのがどういうことかについての例を挙げていきたい。

例えば、フィルターバブルやソーシャルエコーチェンバーといった情報の偏りがもたらす現象の社会的影響を再度考えてみよう。情報の偏りはやがて知識の偏りにつながり、知識の偏りは人々の分断を生むと同時に、人間の意志決定の偏りにつながる。

より具体的に考えてみよう。例えば進路選択のような人生にとって重要な意思決定を我々はどのように考えているだろうか。高校卒業にあたって進路を考える時に、就職するか、実家近くの大学に行くか、国内の大都市に出るか、あるいは海外の大学に行くか、実際にはほとんど無限ともいえる選択肢が存在する。しかし、実際に人が選択肢として考えるのは、近しい人がたどったり、紹介してくれたりした進路なのではないだろうか（知念2018, p.202; Granovetter 1973）。これは、要するに人間が場当たり的に意思決定を行っているということである。

こうした決定の際に取り入れることができる情報が偏っているとすると、意思決定の際に考えられる情報が減ることになり、意思決定自体の可能性が狭められることになる。進学格差の議論では何が決定的に進学意欲に差をもたらすかは明確ではないものの（鹿又 2014, p.92）、格差を世代間で保存することなく社会的な流動性を保つためには個人の周辺環境が固定化することを防ぐことが必要である。そのためには社会的ネットワークを超えて、自分が取りうる選択肢をできるだけ多く検討する必要がある。したがって、情報の偏りはひいては社会階層の固定化につながる可能性もはらんでいる。こういったことが、技術的な問題が社会に及ぼす影響の検討の一例である。

1－2　人間を拡張するために必要な人間の理解：進路選択という例から

この進路選択の例について、もう少し考えてみよう。ところで、そもそもなぜ人間は場当たり的に意思決定してしまうのだろうか。その理由は単純に、個人がその意思決定に関する経験が少ないためである。その人の人生に関わるような大きな意思決定は、その決定が重要であればあるほど、人生の中で多く経験できるものではない。その意思決定が個人にとって初めてか、数回しか経験したことがないようなものに関しては人々の頭の中に選択肢の的確な地図（マップ）が存在しない。したがって、人間はすべての利用可能な選択肢を一覧で見ることはできず、さらに長期的な目で見て妥当な評価基準を持つことなく判断を強いられることになってしまう（中尾 2021）。

したがって、このような場合、選択肢のマップをどのように設計するかを考える必要が出る。この時、このマップの東西南北をどう設定するかが重要だ。これがすなわち、何を特徴量にするか、ということである（図6－1）。進路であれば、特定の学科の偏差値を基準にするか、進学率や就職率を基準にするか、制服の有無、地域の特性などさまざまなことを考えて学校の一覧をつくっていく必要がある。同様なことが、就職先や転居先を選ぶ際にも起きてくる。ここで、特徴量に関するいくつかの問題が出てくる。

図6－1　何を軸（≒地図の東西南北≒特徴量）にすればいいかが問題になる

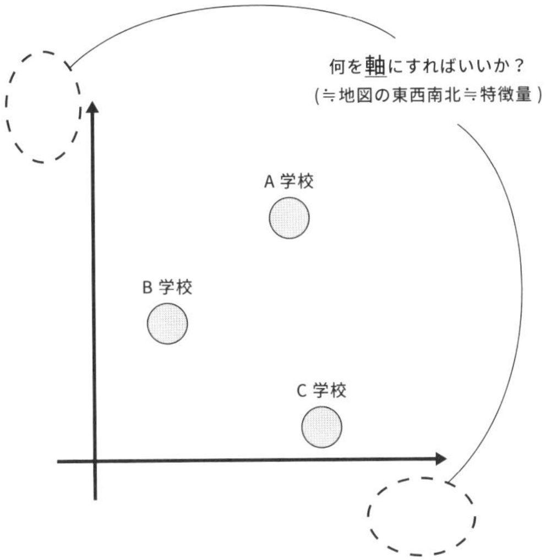

まず、特徴量設計はAI技術を用いて自動的に行うことは難しい。なぜなら、人間の意思決定はデータとして整備されていない情報に基づいて行われることも多いからである。AI技術で扱えるのはデータがすでに整備された情報であるから、それがない場合はそもそもデータを整備するところから人が行わなければならない。例えば、学校がある地域の特性を根拠に進学先を決めるとして、その「地域の特性」とはいったいどのような指標だろうか。その中には、すでにデータになっているものもそうでないものも含まれていそうである。

どのようにデータを設計するかを決めるにはとても労力がかかる。まずは意思決定を行っている人などにヒヤリングして何を根拠に意思決定を行ったのかを聞く必要がある。そのヒヤリング結果を根拠にして特徴量が設計される[1]。その後、もしもデジタルなデータとして存在していない特徴量があるならばそれを収集してこなければならないという手間も生じる。この特徴量設計の手間が1つ目の問題である[2]。

仮にうまくデータが設計できたとしても、それがうまく人間の意志決定に役立つように提示されなければ意味がない。これが2つ目の問題である。この問題を考えるためには、人間がそもそもどのように意思決定を行っているかを考えることも必要になる。例えば、社会心理学では、プロトタイプマッチングという意思決定の方策がある（Niedenthal, Cantor and Kihlstrom 1985）。これは、人間は自分のとる選択肢を考える時に、自分が認識する自己像を表すような選択肢を選んでいるという議論である。より簡単に言うと、例えば人は服を選ぶ時に、値段や素材の良さなどのほかに、そもそも自分がどういう人になりたいか（知的な人になりたいか、ポップなストリート系の楽しそうな人になりたいか）という自己像が先にあり、その像に合わせるように服を選ぶ（ボタンダウンのシャツを買うか、オーバーサイズのトレーナーを買うか）のだ、というような話である。

このプロトタイプマッチングのモデルは日常的な意思決定の分析に使われることは今は少ない。しかし、近年でも進学先の決定などの文脈で考慮に入れられている。例えば、高校で理工学系の専攻に進むか人文社会系の専攻に進むかを選ぶ時に、プロトタイプとなる人間像を想起し、そのプロトタイプと自分が重なるかどうかを考慮してその進路を決定する、というような話である（Hannover and Kessels 2004）。

例えばこのプロトタイプマッチングの考え方を用いると、従来と異なる情報提示を考えることができる。進路の候補を提示するレコメンドシステムを考えるとして、従来では単純に大学のコースを提示するだけだったかもしれないが、コースそのものではなくてそのコースをとった「人」を推薦する、というような仕組みも考えられる。つまり、大学の卒業生を推薦するシステムにして、その人がどのような授業をとったか、という推薦を行った方がユーザーの意思決定の課程に適合する可能性もある。

プロトタイプマッチング以外にも考えられるべき意思決定方策は存在しうる。いずれにせよ適切なスタイルの意思決定支援システムを形づくるために、具体的な意思決定方策を探究する必要がある(3)。本書でよく例に挙げてきた日常の情報収集や意思決定に利用する検索エンジンや推薦システムに使われるAI技術においても、社会への影響や人間の特性が調べられたもとで開発されることが望ましい。その時には、こうしたプロトタイプマッチングや進路の決定などとは別の、その技術の用途に応じた社会的・個人的な意思決定方策というのが掘り下げられることが必要である。

1-3 人間の可能性を拡張するための技術的方策 :進路選択という例から

技術が引き起こす問題の社会的な波及効果を考え、社会を善い方に変えていくために理解すべき人間の特徴についての理解を深めていったあと、それをどのように技術に反映させていけばいいだろうか。

まず、前提として、バズワード的に語られる目新しい技術をすぐに使おうとするのでなく、そもそも既存の技術を利用して目的が達成できないかを考えることが必要だ。例えば、先に述べた進路選択のような稀にしか起こらない意思決定の際の特徴量を調べる際には、昔から選択肢の一対比較などを通じて評価基準を調べる階層分析法(Analytic Hierarchy Process: AHP)(Saaty 1990)というものがある。これは、特定の属性値を持ったアイテム群の中から2つ選んで被験者に見せ、どちらのアイテムを好むかを連続で選んでいってもらって、その被験者が好んでいる属性値を明らかにするような方法だ。選択肢となるアイテムの属性値が単純である場合は、こうした方法を用いることが可能である。

しかし、やはり先ほども述べたように人生のうちに経験することが少ない選択肢については、人々はユーザーは自身がどのような評価基準を重要視するかを選択肢を見る前に知っているわけではないので、自分で重要だと思う指標を前もって言ってもらうことが難しい、などの困難が生じる。

そうした困難を乗り越えるために、ユーザーは最初に提示された選択肢よりも何らかの指標が高い/低い選択肢を選んでいくことで、徐々により多様な選択肢に触れていくなどの工夫がありうる。こうした工夫は推薦システムではCritiquingという技術として研究されていた(Chen and Pu 2012)。しかし、Critiquingではカメラ、PC、自動車といったようなスペックが特定しやすい選択肢についてユーザーが自分の求める選択肢を選ぶというユースケースが想定されていた。一方で、稀にしか経験しない意思決定においては、探索と同時に選択肢空間に関して学習を進めてもらう必要がある。そのため、どのような選択肢があるかを自発的に探索してもらうインタラクティブなシステムが必要となる。

こうした既存技術の検討を行うことで、初めて、今何をつくる必要があるかということが技術ドリブンでなく、課題ドリブンで分かってくる。初めからディープラーニング（深層学習）を使って、まったく新しい意思決定支援システムをつくる、という目的を持っていると、重要な課題が忘れ去られてしまう。あくまで、まず解決したい課題が先にあるというのが実践上の問題なのだ[(4)]。

ちなみに、この進路選択のようなまれにしか起こらない意思決定についての問題に関して考察を続けると、さらにもう1つ、いかにして機械と人間のインタラクションを支援すべきかということも考える必要が分かってくる。これは、人間の意思決定のモデルを参考にしたシステムをつくり、適切な選択肢のマッピングを行いさえすればユーザーがおのずから選択肢を探索し始めるという事はなく、機械と人間との間のインタラクションの動機づけが必要であるためである。

チャプター4の2-2で述べたように従来から、どのような操作をすればどのような結果が返ってくるかなどについて、ユーザー自身が頭の中に持つメンタルモデルを醸成するシステムの研究が進められてはいる。例えば、どのような説明・原理に従えばユーザーに理解可能なアウトプットを出すことができるか（Kulesza et al. 2015）や、公平性の文脈で機械学習の結果の説明とユーザーのバイアスの認知の関係が分析されている（Dodge et al. 2019）。ユーザーに提示される特徴量は少数に定められるべきであり、ユーザーへの決定は変更可能であるべき、といった、インタラクティブな機械学習システムについての設計原理が探求されている（Kulesza et al. 2015）。

ただ、単純にユーザーに対して提示された結果が変更可能であったとしても、提示された結果に対してユーザーが批判的な変更を行うとは限らない。ユーザーはAI技術によって提示された説明を「答え」のように捉えてうまく自分の考えをAI技術に伝えてくれないかもしれない。こういう時に技術はどのようにユーザーからの批判を促せばいいのか、ということはいまだに十分な検討がなされていない。

経験回数の少ない意思決定の場合、ユーザーの頭の中に選択肢のマップが存在しないため、システムのメンタルモデルを持ったとしても、どこにどのような選択肢があるかを考えた批判的なフィードバックをシステムに返すことができない。そのため、ユーザーは最初に提示されたお薦めの選択肢を鵜呑みにしてしまうかもしれない。仮にユーザーが提示された選択肢を鵜呑みにした場合、ユーザーの心理の理解や適切なデータの設計に関する施策にもかかわらず、結果的にユーザーは自身の重要な決定をAI技術にゆだねてしまうことになり、ユーザーの自律性が阻害されてしまう。

この、初めての意思決定であるためどのような選択肢があるか分からない、分からないためシステムが出してきた選択肢を批判することができない、それによってとりうる選択肢を見ていくことができない、という堂々巡りを解決することが今後の研究では必要である。この問題についてはユーザーが少しでもAI技術の決定に対してリアクションを返した場合、そこからユーザーが欲しそうな選択肢がありそうかどうかのヒントを提示するシステム（Nakao, Ohwa and Ohori 2019）などが考えられるが、いまだに明確な解決策が出ているわけではなく、さらなる研究活動が必要となっている。

ユーザーの性質とAIシステムの中の仕組みと選択できるアイテムの配置の関係がそれぞれがそれぞれに依存していて不確定であるという堂々巡りは、進路などのような意思決定だけでなくいろいろな場面で存在すると考えられる。今のAI技術はその堂々巡りをどこかで止めている[(5)]。どのようにしてこのユーザー・AI技術・アイテムの堂々巡りを解決するかということは問題の種類ごとに考えられるべきであり、これに基づいて現状の技術の運用のされ方を見直すことも重要である。

SECTION 2 人間の自律的な意思決定に向けて

2-1 技術利用の中での人間の自律性

さて、社会、人間の理解を踏まえ、人々に技術に対して批判を加えることができるような技術的な構成を考えたAIシステムをつくったとしても、それでもまだ本当に人間の意図を反映し、人間が自律的に意思決定できるような技術をつくれるかは分からない。それはそもそも「自律性」ということ自体が難しい概念だからだ。自律性とはそれ自体が哲学的な探求の対象となるほど、扱うことが難しい概念である[6]。何か特定の技術ができれば人間の自律性を担保する技術が完成したのだと宣言することはほとんど不可能に近い。人間がAI技術、またテクノロジー一般に対して自律的であるためには、人間の側も絶えず刷新されていかなければならない。このことはチャプター5でも述べたとおりだ。

人間の側を絶えずアップデートし、そして技術の側もそのアップデートした人間に合わせて変わっていかなければならない。これを行うためにはさまざまな方法論がありうる。

技術開発においては、ユーザーとのワークショップや対話を通じて常に新しい価値観を用いて技術をアップデートしていくというやり方があるだろう。科学技術ガバナンスの領域では、2013年頃から責任ある研究・イノベーション（Responsible Research and Innovation: RRI）という枠組みで、新しく開発される技術をどのように未来の人間社会、地球社会に対して倫理的・社会的な責任を持つように開発・運用するかが議論されてきた（Stilgoe and Guston 2017; 標葉 2020）。RRIでは、技術の影響の予見（anticipation）・技術開発が依拠する価値体系の省察（reflexivity）・ユーザーなどの利害関係者の包摂（inclusion）・技術開発としての応答可能性（responsiveness）が技術開発に求められる4つの次元として挙げられる（Stilgoe, Owen and Macnaghten 2013）。長期的に見て、責任ある技術開発のためには、このうちどの1つも欠けてはいけないというのがRRIの主張である。Inclusionでは、研究者や技術者だけでなく技術のユーザーや政策決定者まで幅広い利害関係者が技術開発の過程に含まれることが必要とされる。また、anticipationというのは技術をつくって運用する中で、技術がもたらす負の影響を継続的に予想し続け、もし重大な問題を引き起こしそうな場合には技術自体に修正を加える、という内容を含んでいる。

AI技術の開発・運用は、今や原子力発電所などの大型の技術システムと同様に、科学技術ガバナンスの手法により適切に運用されるべき対象となっているのである。

図6-2　First-order reflexivityとSecond-order reflexivity

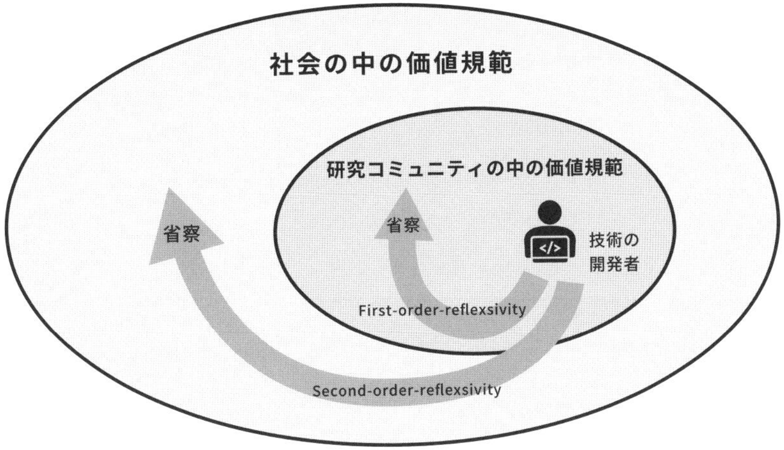

2-2　省察性を考慮した対話と技術の修正

RRIの中でも、とくに大事であり、かつ担保することが難しいのが省察（reflexivity）である。Reflexivityというのは自分が行っている行動について客観的に反省しながら行動する、という意味である。RRIの文脈ではreflexivityには2種類あるといわれる。First-order reflexivityとsecond-order reflexivityである（Schuurbiers 2011）（図6-2）。前者のfirst-order reflexivityは研究倫理のようなイメージである。研究結果の改ざんや捏造を行ってはならないという明らかな不正を行ってはいけないことや、調査のために使用された手法や手順の正当性のような、当該分野で形式知的・暗黙知的に受け継がれている研究の妥当性を含めて、その分野の価値体系の中で誠実に研究を行っているということに対して自覚的になる、というのがfirst-order reflexivityである。

それに対して、second-order reflexivityの方は自分の持っている価値体系自体を振り返ることが必要とされるタイプの省察性である。研究倫理のようなfirst-order reflexivityを考えるだけでは、人間社会や地球環境に対してよい研究開発の活動ができるわけではない。AIモデルの精度が上がればいくらでも計算機を回してよいのであれば消費電力が大きくなり、二酸化炭素濃度の削減につながらないし、AI技術で人間をいくらでも誘導してよいのであれば倫理的に問題がある。そうした研究コミュニティや技術者コミュニティ内部で必要となる誠実さを超えた、社会の中でその研究開発を見た時に必要となる省察性がsecond-order reflexivityなのである。

技術開発の中で人間の自律性を保とうとする時、究極的にはこのsecond-order reflexivityが必要となる。ある人が自律的である、とは、ある人が自分の行動を自分の制御下に置いているということを意味する。それは他者である技術だけに誘導されたわけではない、ということである。しかし、first-order reflexivityのみを意識した研究開発では、研究倫理的な配慮や、学術論文での査読基準などに合致しさえしていれば、そのほかの広範な社会的な問題について必ずしも考えられている必要はない。したがって、もしも人間の自律性への影響やそのほかの社会的な波及効果について考えようとするならば、second-order reflexivityについて考える必要がある。

実際の技術のつくり手にこのsecond-order reflexivityについて考えてもらうことは簡単なようで難しい。しかし、すでに研究者に対してsecond-order reflexivityを考えてもらうための方法論は存在している。Midstream Modulationという方法では、研究者に意思決定のきっかけ、考慮した要因、選択可能だった代替案、判断の結果を意思決定の度に書き出してもらい、自身の決定を反省的に見てもらうことで徐々にsecond-order reflexivityを持ってもらおうとしている(Fisher 2007)。

しかし、利害関係者との対話を進め、技術開発のreflexivityを完全に担保するのは現実的には難しい。というのも、世の中すべての利害関係者に意見を聞くのは原理的に不可能だからだ。テクノロジー、特にウェブを介して世界中の人が扱うAI技術の関係者は究極的には世界中の人々であり、さらに、技術が電力の利用などを通じて環境に影響を与えることも考慮すると、地球の生物全体が利害関係者ということになる。もちろん、対話する相手はその中のごくごく一部の相手となる。すると、社会のことを考慮しようとして対話した相手が社会的な問題をすべて挙げるのに十分でなければ、技術開発をsecond-order reflexivityをもって行うことは難しいということになっていく。

ここには、ある1つの手法では乗り越えられない壁がある。どんなに多くの利害関係者にどのようなうまい聞き方をしたとしても、社会的な影響のすべてをそこから聞き取ることはできない。すべての技術の運用には社会実験の側面があるとチャプター5で述べたが、将来の実験の結果は誰も知らないのである。したがって、技術の開発者にできることは、できるだけ多くの利害関係者と共同で技術の価値をつくることで、できる限りsecond-order reflexivityを考慮するようにし、そのあとで継続的にさまざまなステークホルダー（技術の利用者、政策決定者、技術を使っていない人など）と対話をすることで、技術を修正し続けることである。

2-3 人の自律性の担保に向けた今後の研究

ここで、ユーザーをはじめとしたステークホルダーと対話し、人間の自律性を保つAI技術の開発のために筆者が進めている研究を簡単に紹介したい。現在、筆者は文部科学省所管の科学技術振興機構が実施している戦略的創造研究推進事業ACT-Xの「AI活用で挑む学問の革新と創成」領域において、「AIと人の相互作用による技術哲学の創出」という個人研究課題の研究代表を務めている。この研究課題では、そもそも技術を使いたいか使いたくないかも含めて、技術に含まれる課題をあぶりだし、どのような価値観を反映した技術をユーザーに提供するかを考える枠組みを研究している。

この課題の中では、技術の専門家と非専門家が対等に技術の設計に参加する共同デザイン（Co-design）（Sanders and Stappers 2008）の枠組みにおいて、技術の設計に参加する人たち自身に対し、second-order reflexivityを持ってもらうような方法論を研究しようとしている。将来的には、RRIのような科学技術ガバナンスに対して、有効な手法の1つとなるような技術設計手法を付け加えるべく研究を進めている。

従来、技術的なシステムのデザインにおいては、参加型デザインというやり方が知られてきた。これは、ITシステムなどの技術システムの設計段階に実際のユーザーに参加してもらい実際の意見を取り入れながら技術を設計していく方法論である（Bødker, Kensing and Simonsen2009）。しかし、参加型デザインでは技術を設計する専門家の優位性がぬぐえないため、真にエンドユーザーの利便性を目指す技術開発ができないのではないかという批判がなされた。そこで発展してきたのが共同デザインの方法論である。共同デザインでは、専門家がユーザーを分析して一方的に技術を設計していくというのではなく、一度専門家がつくった技術的施策をユーザーに使ってみてもらい、その良し悪しをユーザーに判断してもらってさらに変更を加えていくというサイクルを何度も回す。これによって、真にユーザーが求める技術に近づけていくのである。

しかしながら、この共同デザインのやり方にも問題があると筆者は考える。それは、設計に携わる一部のユーザーに特権性が生まれることである。ユーザーといっても、何百人、何千人という人々の話を聞いてものを設計できるわけではない。何十人か、場合によっては数人のユーザーに参加してもらって設計を進める場合が多いのである。こうした時に、連続的に参加してもらうユーザーはその技術に対して発言力を持つという特権を持つ。技術に含まれるユーザーの価値観というのは一度技術をつくってしまうと改変しがたいため、この時点でユーザーも専門家と同じく、一方的に技術的施策を世の中に押しつける存在になってしまう。

そのため、今後はユーザーやその他の非専門家のステークホルダーたちもsecond-order reflexivityをもって、より広い社会的な内容を考えながら技術を設計する枠組みが必要である。そのための方法論を考え、実践を行っていこうと研究を進めているところである。

SECTION 3 技術哲学・技術設計・技術開発の接続、刷新へ向けて

3-1 人間とインタラクションするAIが指し示す今後の技術哲学の変容への要請

最後に、あるべき技術開発の議論の基盤を与えてきた技術哲学や、科学技術社会論自体もAI技術の時代に合って変革を迫られているということについて述べておきたい。

技術哲学は、これまで技術を静的なものとして見ていた。ある1つの技術が生まれれば、そのインプットとアウトプットが技術側の自動的な学習を基に変更されるということは起こらないという前提が保たれていた。しかし、その前提がAI技術によって少しずつ崩れている。

技術哲学自体の歴史を振り返ると、これまで3つの大きな潮流が存在してきたといわれている。1つ目がハイデガーやヤスパースによって展開された、技術が個人に求める存在の在り方を追求する古典的な技術哲学である。2つ目が科学技術社会論などに見られる、実際の事例の記述・分析に主眼を置き技術と社会の関係を明らかにする経験論的転回、3つ目は倫理的な議論を所与のものとし、技術がもたらす影響についてナノテクノロジーの倫理やAI倫理といった応用倫理の枠組みで考える倫理的転回である（フェルベーク 2015, p.273）(7)。

技術哲学はそれぞれの潮流が批判的に発展されることでアップデートされてきた。1つ目の古典的な技術哲学では技術と社会との関係を実態に即して見ていないという批判があり、経験論的転回が起こった。反面、経験論的転回では手段の1つであったはずの事実の記述が目的化し、技術に対する規範を提示できないという批判が起こり、倫理的転回が起こった。現在、この倫理的転回に対しては、倫理的な規範が所与でなく、人間が技術を使うことによって影響を受けるということが看過されているという批判がなされている（フェルベーク 2015, p.277）。

これは、現在のAI技術が浸透した社会では一層目立った問題となる。AI技術によるパーソナライズが多様な場面で一般的になった社会では、技術から影響を受けて人間が変化することが一般的になる。人間が変化するということは技術の側もパーソナライジングを通じて変化するということである。つまり、自動的にパーソナライズして個々人に合わせて変化していくAI技術は再帰的に人間の変化の影響を受けるのである。同時に、人間もまた技術の再帰的で複雑な影響を受けることになる（図6-3）。

このことが、技術を静的なものとして扱っていたこれまでの技術哲学を危うくしている。人間が技術を使うことで影響を受ける、というだけでなく、再帰的な影響を受けて人間と技術が一体となって相互に変化し、完全に人間的な要因、完全に技術的な要因とも分かつことができない存在になっていっている。したがって、技術によって影響を受ける人間はそれまでの人間に対する倫理と異なるもの

図6-3　従来の技術とAI技術がユーザーに与える影響の違い

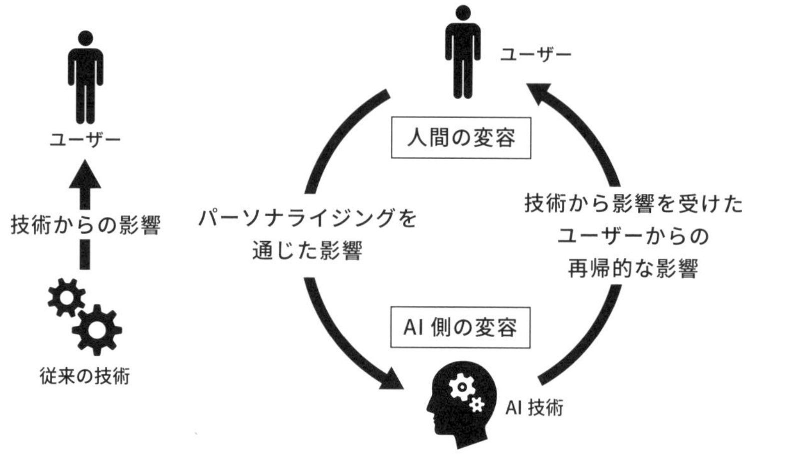

として分析されるべきである。倫理規範を所与のものとして考える従来の技術哲学の見方から脱却するには、倫理規範になる以前の人間の価値観が技術との相互作用によってどのように形成・変化していくかが探求される必要があるのだ。

3-2　技術開発に同行する技術哲学へ

技術開発・利用の中で、どのように技術と人間が相互作用し、どのように人間が変化するかを探求する道筋が必要になっている。先ほども触れた筆者が実施しているACT-X「AIと人の相互作用による技術哲学の創出」という研究課題においては、個人の価値観を引き出す研究開発を行うと同時に、開発したAIシステムを使っている間のユーザーの価値観の変化を測定・記述を行うことを狙っている。この成果を踏まえて、将来的には技術哲学の議論を刷新し、あるべき技術を考える時の方法論も変えていこうと考えている。

技術哲学者のフェルベーク（2015, p.279）は「技術への同行」を説いた。これは、技術哲学が技術開発に対して特権的な立場をとるのではなく、技術の設計者と使用者に関与していくことで初めて道徳的考察が適用できる場所を見つけ出せるという議論である。この考えのもと、フェルベークは積極的に工学者との共同研究や設計コミュニティの観察を行っている。

しかし、実際に技術がつくられるのは設計の場に加えて、開発される場面である。設計された機能を実現する方法は工学的には何とおりもあるかもしれない。それをどう選ぶのかは、設計だけへの介入では開発者に託されてしまうことになる。これから技術哲学を刷新し、今後のあるべき技術像を考える際に必要になる(筆者が今行おうとしている)アプローチは、いわば「技術開発への同行」である。省察性、second-order reflexivityを開発の中で発揮し、その後の技術との相互作用の中での価値観の変容までをも分析対象とした研究。これを行うことで、AI技術が生活の中に行きわたった時代のあるべき技術像を明らかにする方法を模索していこうと考えている。

科学技術社会論(STS)や責任ある研究・イノベーション(RRI)の立場では、テクノロジーは開発の時にだけ注意深く行われるのではなく、その運用や、社会からどのように受け入れられるかも含めてガバナンスされるべきであると考えられている(Chilvers and Kearnes 2020)。これは、技術を設計する、開発する、という一回のイベントを例えば参加型デザインの手法を導入してこのようにしてしまえばいい、と規範的に定義してしまうのではなくて、さまざまな利害関係者との対話を経ながら技術やそこへの参画の方法が及ぼす多様な影響を考えながら、どのように技術と付き合うべきかを考える必要があるためである。

こうした考え方はもちろん妥当である。しかし、それでもやはり、技術は一度つくられたらそこからの改変には少なからず手間がかかる。一度つくられた技術の初期設定が最も影響力のあるものになってしまう。長い目で見て、どのように技術を運用するか、誰をどのように技術のプロセスの中に参加させるかを考えることは必要である。しかし、一方で、技術をつくる時に最大限何が担保できていれば、例えば人間に自律的な挙動を可能にするAI技術を生むことができるのかといった問題を考えることはこうしたプロセスの中でもやはり重要である。

したがって、技術を設計するフェーズに対して同行する「技術への同行」は大事であり、同時に、技術の開発で何が起こっているかを見る「技術開発への同行」も技術哲学を刷新するためには必要なのである。

今後も、人間とAIが適切な関係を結びあうような技術開発を進めるために、我々が何をすればいいかを探求していきたい。

（1）同時に、もしも意思決定者自身が気付いていないにもかかわらず、社会的な議論によって必要だと認識されている項目があれば、それもデータに基づいて表現されていることが望ましい（Umbrello and Poel 2021）。
（2）筆者らは、参加型のアプローチでデータ設計・システム設計を行った経験を持つ。中尾ら（2017）は、日本国内での遠方への移住の目的地を適切に推薦するために、移住を検討する人と移住した人に対するインタビュー調査によって、交通利便性、地域の小学校への近さ、病院の件数などの6指標を同定し、福岡県糸島市において地域のデータセットおよびインタラクティブな推薦システムを構築した（Nakao, Ohwa and Ohori 2019; Nakao, Ohori and Anai 2020）。
（3）実際の意思決定方策の効果の評価のためには、長期間の追跡調査が行われる必要がある。ユーザーに日誌をつけてもらう、ユーザーグループへの長期間の参与観察を行うなどの研究が考えられる。
（4）もちろん、技術でできることを増やす工学の研究も実践とは別に行われる必要がある。今はない課題に応答するための技術というのは将来的に必要とされる可能性があるので常に研究されていなければならない。一方で、実際に社会に使われていく段階では、技術ドリブンではなく課題ドリブンになる必要がある、ということをここでは述べている。
（5）特定のデータセットに基づいて機械学習モデルをつくる場合はそのデータを「答え」とすることで堂々巡りを止めているし、推薦システムのように実環境で使うAI技術ではユーザーからの反応を特定のアイテムを選択したか否かという計量可能なものにすることで実際の複雑な思考については考えないことで堂々巡りを止めている。
（6）本書で述べている自律性の定義はチャプター4の註7のとおり。また、自律性に関する哲学の問題に関しては例えば川瀬（2021）などが日本語で読みやすいまとめを与えてくれている。
（7）これらに関する詳細な説明はここでは行わない。フェルベーク（2015, p273）などを参照のこと。

Final Chapter

終章　AIと人間のジレンマ

——まとめ——

本書を通して、言いたかったことを最後のチャプターにまとめよう。

まず、この本を書く1つのモチベーションになったAIの他者性についてである。人間についても社会についても、我々が理解していることはごくごく一部である。AIに関してもまったく同様で、今後AI技術で何ができていくか、どうなるか、専門家でも正確には予想できないだろう。人間とまったく同じ知能を今は目指しているつもりでも、結果的にできたものがその時に明らかになっている人間の知能の仕組みと同様なものになっているかは原理的に不明である。また、人体そのものを使って知能を再現するのではなく、人工物を使って人間の知能を再現しようとしているのだから、人工物の他者性によって、人間の考えるとおりの挙動をするとは限らない。人工物は原理的にねじ1本も人の思いどおりにならない。人工物の組み合わせで知能を再現しようとすることは、知能を単に理解するのに対して二重に難しいことを行おうとしているとも考えられる。

次に言いたかったことは、これも本書を書く動機となった内容だが、今や我々の日常生活の環境の中に溶け込んでいるAI技術は、ユーザーにとって改変可能なものであるということである。環境に溶け込み、ウェブ検索や種々のSNSや動画サイト、ニュースサイト、マッチングアプリの裏側で機能するAI技術は一見すると運営会社から一方的に我々に押し付けられているように感じられる。しかし、我々自身のウェブ上でのふるまいによって、AI技術に教え込まれるデータが変化し、出力も変化する。こうしたことを通じてAI技術へのインプットとアウトプットの関係をイメージし、技術を使うことでAI技術をドン・アイディが分類した技術と人間との関係の中の「他者関係」に引きずり出すことができる。また、同時に技術に関する知見を専門家以外の人も持つことでより一層技術を何かの背景ではなく、明確な他者として扱うことができるようになっていく。

これと同時に忘れてはならないのは、AI技術の側もまた、人間がそうしたインプットとアウトプットを意識してコントロールできるようにつくられていくべきだということである。

同時に、技術の側には社会を考慮するという必要性も生じる。技術は個人に影響を与えるが、個人的な影響はやがて社会的な影響へとつながる。技術への影響が社会的なものになった時、個々人への影響だけでは見つけられなかったより巨視的な影響が生じることになる。そこで、技術を利用するドメインごとに人間個人に対してはどのような、社会的にはどのような問題があり得、それに対してはどのように対処できそうかを考えていくべきである。それと同時に、一度技術をつくった後も、その運用の中でどのように技術が人々や社会に影響を与えているかを見続ける必要がある。このプロセスの中には、絶えず社会やユーザー、そのほかの利害関係者と対話し、その適用領域の専門家とも対話を行いながら技術の運用をするという観点が欠かせない。

さて、このようにして色々なべき論、必要性を並べ立てる必要があるAI技術だが、絶対に人間の思いどおりにいかないにもかかわらず、本書でも述べたように現在の社会において利用を避けることはできないほど必要なものだ。常にテクノロジーは完成して流通したら最後、人間の予想を常に裏切るにもかかわらず、人間社会に必要な存在となる。このことが技術が必要悪であることを示す事実であり、技術と人間のジレンマそのものである。AI技術も、もはや人間の行動の背景に溶け込むほどに流通してなお、人間の予想を裏切る影響を社会に与え続ける。それでも人間はAI技術と付き合わなければならない。それがまさにAIと人間のジレンマである。

チャプター6で述べた人間を自律に導くAI技術と技術哲学の実現についての内容は、筆者がこうしたAI技術と人間のジレンマをどのように解いていくかの方向性についていわば意見表明的な内容になっている。AIと人間のジレンマを超えて、人間と社会をAI技術が力づけるような技術開発や学問そのものをつくっていきたいと考えている。

また何かの機会に本書で書いた内容をアップデートできると幸いである。

参考文献

Abdul, A., Vermeulen, J., Wang, D., Lim, B. Y., and Kankanhalli, M. 2018: "Trends and trajectories for explainable, accountable and intelligible systems: An HCI research agenda". *Proceedings of the* 2018 *CHI conference on human factors in computing systems*, 1-18.

安孫子誠也 2004：『アインシュタイン相対性理論の誕生』講談社.

Andrews, R., Diederich, J., and Tickle, A. B. 1995: "Survey and critique of techniques for extracting rules from trained artificial neural networks". *Knowledge-based systems*, 8(6), 373-389.

Araujo, T., Helberger, N., Kruikemeier, S., and de Vreese, C. H. 2020: "In AI we trust? Perceptions about automated decision-making by artificial intelligence". *AI & SOCIETY*, 35(3), 611-623.

アレント, H. 1994：志水速雄（訳）『人間の条件』筑摩書房：Hannah Arendt *The Human Condition*, The University of Chicago Press, 1958.

Baldwin, M. 2018: "Scientific autonomy, public accountability, and the rise of "peer review" in the Cold War United States," *Isis*, 109(3), 538-558.

Bødker, K., Kensing, F., and Simonsen, J. 2009: *Participatory IT design: designing for business and workplace realities*. MIT press.

Buxton, B. 2007: "Multi-touch systems that I have known and loved". *Microsoft Research*, 56, 1-11.

Cang, R., Xu, Y., Chen, S., Liu, Y., Jiao, Y., and Yi Ren, M. 2017: "Microstructure representation and reconstruction of heterogeneous materials via deep belief network for computational material design". *Journal of Mechanical Design*, 139(7), 071404（11pages).

Carpenter, H. 2010: "Hype Cycle for Emerging Technologies 2010: The Rise of Idea Management", https://www.cloudave.com/6587/hype-cycle-for-emerging-technologies-2010-the-rise-of-idea-management/（2022年4月4日閲覧）

Chen, L. and Pu, P. 2012: "Critiquing-based recommenders: survey and emerging trends". *User Modeling and User-Adapted Interaction*, 22(1), 125-150.

Chilvers, J., and Kearnes, M. 2020: "Remaking participation in science and democracy". *Science, Technology, & Human Values*, 45(3), 347-380.

知念渉 2018：『〈ヤンチャな子ら〉のエスノグラフィー：ヤンキーの生活世界を描き出す』青弓社.

CNN 2006: "AI set to exceed human brain power", http://edition.cnn.com/2006/TECH/science/07/24/ai.bostrom/（2022年4月4日閲覧）

Cuccureddu, G. 2011: "Gartner's Hype Cycle 2011: Social Analytics And Activity Streams Reach "The Peak"", https://www.businessinsider.com/gartners-hype-cycle-2011-social-analytics-and-activity-streams-reach-the-peak-2011-8（2022年4月4日閲覧）

Dodge, J., Liao, Q. V., Zhang, Y., Bellamy, R. K. E., and Dugan, C. 2019: "Explaining Models: An Empirical Study of How Explanations Impact Fair-ness Judgment". *Proceedings of the 24th International Conference on Intelligent User Interfaces*, 275-285.

Dove, G., Halskov, K., Forlizzi, J., and Zimmerman, J. 2017: "UX Design Innovation: Challenges for Working with Machine Learning as a Design Material". *Proceedings of the 2017 CHI conference on human factors in computing systems*, 278-288.

遠藤謙 2020：「電子制御膝継手の可能性について」『日本義肢装具学会誌』36(4), 258-261.

ファーガソン, E. S. 2009：藤原良樹, 砂田久吉（訳）『技術屋（エンジニア）の心眼』平凡社：Eugene S. Ferguson *Engineering and the Mind's Eye*, The MIT Press, 1992.

Fisher, E. 2007: "Ethnographic invention: Probing the capacity of laboratory decisions". *NanoEthics*, 1(2), 155-165.

Floridi, L., Cowls, J., Beltrametti, M., Chatila, R., Chazerand, P., Dignum, V., Luetge, C., Madelin, R., Pagallo, U., Rossi, F., Schafer, B., Valcke, P., and Vayena, E. 2018: "AI4People—An ethical framework for a good AI society: Opportunities, risks, principles, and recommendations". *Minds and Machines*, 28(4), 689-707.

Forsythe, D. E. 1993: "Engineering knowledge: The construction of knowledge in artificial intelligence". *Social studies of science*, 23(3), 445-477.

Frey, C. B., and Osborne, M. 2013: "The Future of Employment: How Susceptible Are Jobs to Computation?". *the Oxford Martin Programme on Technology and Employment*, 1-77.

藤垣裕子 2003：『専門知と公共性』東京大学出版会.

Gartner 2021: "Gartner Hype Cycle", https://www.gartner.com/en/research/methodologies/

gartner-hype-cycle（2022年 4 月 4 日閲覧）

ゴビンダラジャン，V., トリンブル，C. 2012：渡部典子（訳）『リバース・イノベーション：新興国の名もない企業が世界市場を支配するとき』ダイヤモンド社：Vijay Govindarajan, and Chris Trimble *REVERSE INNOVATION*, Harvard Business Review Press, 2012.

Granovetter, M. S. 1973: "The strength of weak ties". *American journal of sociology*, 78(6), 1360-1380.

Gunning, D., Stefik, M., Choi, J., Miller, T., Stumpf, S., and Yang, G. Z. 2019: "XAI—Explainable artificial intelligence". *Science Robotics*, 4 (37), 369-388.

Gutierrez, D. 2014: "Gartner's 2014 Hype Cycle for Emerging Technologies", https://insidebigdata.com/2014/08/14/gartners-2014-hype-cycle-emerging-technologies/（2022年 4 月 4 日閲覧）

Hannover, B. and Kessels, U. 2004: "Self-to-prototype matching as a strategy for making academic choices. Why high school students do not like math and science". *Learning and instruction*, 14(1), 51-67.

ハラリ，Y. N. 2018：柴田裕之（訳）『ホモ・デウス 下：テクノロジーとサピエンスの未来』河出書房新社：Yuval Noah Harari *Homo Deus: A Brief History of Tomorrow*, Harper, 2015.

Harnad, S. 1990: "The symbol grounding problem". *Physica D: Nonlinear Phenomena*, 42(1-3), 335-346.

橋爪大三郎 1988：『はじめての構造主義』講談社.

橋本敬 2002：「構成論的手法」『ナレッジサイエンス：知を再編する64のキーワード』（北陸先端化学技術大学大学院 知識科学研究科監修，杉山公造，下嶋篤，永田晃也 編），132-135，紀伊国屋書店.

Herlocker, J. L., Konstan, J. A., and Riedl, J. 2000: "Explaining collaborative filtering recommendations". *Proceedings of the* 2000 *ACM conference on Computer supported cooperative work*, 241-250.

Ihde, D. 1990: *Technology and the Lifeworld: From Garden to Earth*. Indiana University Press.

井上智洋 2016：『人工知能と経済の未来：2030年雇用大崩壊』文藝春秋.

人工知能学会 2022：「スポンサー募集のご案内」，https://www.ai-gakkai.or.jp/jsai2022/cfidt（2022年 4 月 4 日閲覧）

人工知能学会倫理委員会 2017：「人工知能学会 倫理指針」，http://ai-elsi.org/wp-content/

uploads/2017/02/% E4% BA% BA% E5% B7% A5% E7%9F% A5% E8%83% BD% E5% AD % A6% E4% BC %9A % E5%80% AB % E7%90%86% E6%8C %87% E9%87%9D.pdf（2022年４月４日閲覧）

Joerges, B. 1999: “Do politics have artefacts?,” *Social studies of science*, 29(3), 411-431.

ジョンソン＝レアード, P. N. 1988: AIUEO（訳）『メンタルモデル：言語・推論・意識の認知科学』産業図書：Philip Johnson-Laird *Mental Models*, Harvard University Press, 1983.

加藤朗 2020：「［研究ノート］ルソーの「一般意志」とは何か―消極的利他心の視点から―」『桜美林論考. 法・政治・社会』11, 63-80.

川瀬和也 2021：「行為者性の階層理論とアイデンティティの問題」『宮崎公立大学人文学部紀要』28(1), 1-12.

Keidanren 2021: “Opinions on the Proposed European Artificial Intelligence Act”, https://www.keidanren.or.jp/en/policy/2021/069.html（2022年４月４日閲覧）

経済産業省産業技術環境局大学連携推進室 2020：「令和元年度大学発ベンチャー　実態等調査結果概要」, https://www.meti.go.jp/press/2020/05/20200515003/20200515003-2.pdf（2022年４月４日閲覧）

個人情報保護委員会 2018:「GDPR（General Data Protection Regulation：一般データ保護規則）」, https://www.ppc.go.jp/enforcement/infoprovision/laws/GDPR/（2022年４月４日閲覧）

Krizhevsky, A., Sutskever, I., and Hinton, G. 2012: “ImageNet Classification with Deep Convolutional Neural Networks”, https://www.image-net.org/static_files/files/supervision.pdf（2022年４月４日閲覧）

久保明教 2019：『ブルーノ・ラトゥールの取説』月曜社.

Kulesza, T., Burnett, M., Wong, W.-K., and Stumpf, S. 2015: “Principles of Explanatory Debugging to Personalize Interactive Machine Learning”. *Proceedings of the 20th International Conference on Intelligent User Interfaces*, 126-137.

カーツワイル, R. 2007：井上健（監訳）, 小野木明恵, 野中香方子, 福田実（訳）『ポスト・ヒューマン誕生：コンピュータが人類の知性を超えるとき』NHK 出版：Ray Kurzweil *The singularity is near: When humans transcend biology*, Penguin, 2007.

Lakkaraju, H., Bach, S. H., and Leskovec, J. 2016: “Interpretable decision sets: A joint framework for description and prediction”. *Proceedings of the 22nd ACM SIGKDD international conference on knowledge discovery and data mining*, 1675-1684.

ラトゥール，B. 2008：川村久美子（訳）『虚構の「近代」：科学人類学は警告する』新評論：Bruno Latour *Nous n'avons jamais été modernes: Essai d'anthropologic Symétrique*, La Découverte, 1991.

Le, Q. V. 2013: "Building high-level features using large scale unsupervised learning". 2013 *IEEE International Conference on Acoustics, Speech and Signal Processing*, 8595–8598.

Lee, H., Grosse, R., Ranganath, R., and Ng, A. Y.. 2016: ""Convolutional deep belief networks for scalable unsupervised learning of hierarchical representations". *ICML '09: Proceedings of the 26th Annual International Conference on Machine Learning*, 609–616.

Lehman, J., Clune, J., Misevic, D., Adami, C., Altenberg, L., Beaulieu, J., Bentley, P. J., Bernard, S., Beslon, G., Bryson, D. M., Cheney, N., Chrabaszcz, P., Cully, A., Doncieux, S., Dyer, F. C., Ellefsen, K. O., Feldt, R., Fischer, S., Forrest, S., Fŕenoy, A., Gagńe, C., Goff, L. L., Grabowski, L. M., Hodjat, B., Hutter, F., Keller, L., Knibbe, C., Krcah, P., Lenski, R. E., Lipson, H., MacCurdy, R., Maestre, C., Miikkulainen, R., Mitri, S., Moriarty, D. E., Mouret, J., Nguyen, A., Ofria, C., Parizeau, M., Parsons, D., Pennock, R. T., Punch, W. F., Ray, T. S., Schoenauer, M., Schulte, E., Sims, K., Stanley, K. O., Taddei, F., Tarapore, D., Thibault, S., Watson, R., Weimer, W., and Yosinski, J. 2020: "The surprising creativity of digital evolution: A collection of anecdotes from the evolutionary computation and artificial life research communities". *Artificial life*, 26(2), 274–306.

Leveringhaus, A., and Giacca, G. 2014: "Robo-Wars: the regulation of robotic Weapons", https://www.oxfordmartin.ox.ac.uk/downloads/briefings/Robo-Wars.pdf（2022年４月４日閲覧）

レビー，S. 1987：古橋芳恵，松田信子（訳）『ハッカーズ（第３版）』工学社：Steven Levy *HACKERS: Heroes of the Computer Revolution*, O'Reilly Media, 1984.

Lighthill, J. 1973: "Artificial intelligence: A general survey". *Artificial Intelligence: a paper symposium*, 1–21, London: Science Research Council.

丸山宏 2019：「高次元科学への誘い」，https://japan.cnet.com/blog/maruyama/2019/05/01/entry_30022958/（2022年４月４日閲覧）

松尾豊 2015：『人工知能は人間を超えるか』KADOKAWA.

McCarthy, J., Minsky, M. L., Rochester, N., and Shannon, C. E. 2006: "A proposal for the Dartmouth Summer Research Project on Artificial Intelligence, August 31, 1955". *AI magazine*, 27(4), 12–12.

McCorduck, P., and Cfe, C. 2004: *Machines who think: A personal inquiry into the history and prospects of artificial intelligence*. CRC Press.

村田純一 1995：『知覚と生活世界：知の現象学的理論』東京大学出版会.

村田純一 2009：『技術の哲学』岩波書店.

Murray Shanahan 2016: “Stanford Encyclopedia of Philosophy: The Frame Problem”, https://plato.stanford.edu/entries/frame-problem/（2022年 4 月 4 日閲覧）

永井均 1995：『ウィトゲンシュタイン入門』筑摩書房.

中尾悠里 2021：「個人の重要な意思決定を助ける批判可能なシステムの実現に向けて」『人工知能学会全国大会論文集 第 35 回全国大会（2021）』4H1GS11b03-4H1GS11b03.

Nakao, Y., Ohori, K., and Anai, H. 2020: “Interactive Recommendation AI to Support Transparent Human Decision Making”. *Fujitsu Technical Review*.

中尾悠里，大堀耕太郎，大輪拓也，吉田宏章，吉良知文，神山直之 2017:「人工知能を用いた移住促進への取り組み：福岡県糸島市における最適地域推薦の実証実験」『経営情報学会全国研究発表大会要旨集』245-248.

Nakao, Y., Ohwa, T., and Ohori, K. 2019: “Generation of Hints to Overcome Difficulty in Operating Interactive Recommender Systems”. *IntRS@ RecSys*, 36-45.

Nakao, Y., Shigezumi, J., Yokono, H., and Takagi, T. 2019: “Requirements for Explainable Smart Systems in the Enterprises from Users and Society Based on FAT”. *IUI Workshops*, 19.

中島秀之 2015：『知能の物語』公立はこだて未来大学出版会.

Niedenthal, P. M., Cantor, N., and Kihlstrom, J. F. 1985: “Prototype matching: A strategy for social decision making”. *Journal of Personality and Social Psychology*, 48(3)，575-584.

野家啓一 2015：『科学哲学への招待』筑摩書房.

Northcutt, C. G., Athalye, A., and Mueller, J. 2021: “Pervasive label errors in test sets destabilize machine learning benchmarks”. *arXiv preprint*（24*pages*）.

落合陽一 2018：『デジタルネイチャー：生態系を為す汎神化した計算機による侘と寂』PLANETS.

パリサー , E. 2016：井口耕二（訳）『フィルターバブル：インターネットが隠していること』早川書房：Eli Pariser *THE FILTER BUBBLE: What the Internet Is Hiding from You*, Penguin Books, 2011.

Pinch, T. 1996: “The social construction of technology: A review,” Fox, R. (eds.) *Technological change: Methods and themes in the history of technology*, Routledge, 17-35.

Pinch, T. J., and Bijker, W. E. 1984: "The social construction of facts and artefacts: Or how the sociology of science and the sociology of technology might benefit each other". *Social studies of science*, 14(3), 399-441.

ランダール, N. 1999：村井純（監訳), 田中りゅう, 村井佳世子（訳)『インターネットヒストリー：オープンソース革命の起源』オライリー・ジャパン：Neil Randall *The Soul of the Internet: Net Gods, Netizens and the Wiring of the World*, Thomson Learning, 1997.

Ribeiro, M. T., Singh, S., and Guestrin, C. E.. 2016: ""Why Should I Trust You?": Explaining the Predictions of Any Classifier". *KDD '16: Proceedings of the 22nd ACM SIGKDD International Conference on Knowledge Discovery and Data Mining*, 1135-1144.

Rudin, C. 2019: "Stop explaining black box machine learning models for high stakes decisions and use interpretable models instead". *Nature Machine Intelligence*, 1 (5), 206-215.

Saaty, T. L. 1990: "How to make a decision: The analytic hierarchy process". *European Journal of Operational Research*, 48(1), 9-26.

Samuel, A. L. 1959: "Some studies in machine learning using the game of checkers". *IBM Journal of Research and Development*, 3 (3), 210-229.

Sanders, E. B. N., and Stappers, P. J. 2008: "Co-creation and the new landscapes of design". *CoDesign*, 4 (1), 5-18.

Schuurbiers, D., and Fisher, E. 2009: "Lab-scale intervention". *EMBO reports*, 10(5), 424-427.

Schuurbiers, D. 2011: "What happens in the lab: Applying midstream modulation to enhance critical reflection in the laboratory". *Science and engineering ethics*, 17(4), 769-788.

Sclove, R. 1995: *Democracy and technology*. Guilford Press.

サイモン, H. 1999：秋葉元吉, 吉原英樹（訳)『システムの科学　第3版』パーソナルメディア：Herbert A. Simon *The Sciences of the Artificial: Third edition*, MIT Press, 1996.

鹿又伸夫 2014：『何が進学格差を作るのか：社会階層研究の立場から』慶應義塾大学三田哲学会.

標葉隆馬 2020：「責任ある研究・イノベーション（RRI）という実験」『責任ある科学技術ガバナンス概論』222-246, ナカニシヤ出版.

Simonite, T. 2017：「グーグルの最新 AI「AlphaZero」は、3つのゲームで人間を超えた――その実力と「次のステップ」」, https://wired.jp/2017/12/08/deepmind-alphazero/（2022年4月4日閲覧）

ソローヴ，D. J. 2013：大谷卓史（訳）『プライバシーの新理論：概念と法の再考』みすず書房：Daniel J. Solove *UNDERSTANDING PRIVACY*, Harvard University Press, 2010.

総務省統計局 2021：「高等学校における「情報 II」のためのデータサイエンス・データ解析入門」，https://www.stat.go.jp/teacher/comp-learn-04.html（2022年 4 月 4 日閲覧）

Stanford Vision Lab 2012: “Large Scale Visual Recognition Challenge 2012（ILSVRC2012)”, https://www.image-net.org/challenges/LSVRC/2012/results.html（2022年 4 月 4 日閲覧）

Star, S. L. 1999: “The ethnography of infrastructure”. *American behavioral scientist*, 43(3), 377-391.

Stilgoe, J., and Guston, D. 2017: “Responsible research and innovation,” Felt, U., Fouché, R., Miller, C. A., and Smith-Doerr, L. (eds.) *Handbook of science and technology studies fourth edition*, MIT Press, 853-880.

Stilgoe, J., Owen, R., and Macnaghten, P. 2013: “Developing a framework for responsible innovation”. *Research policy*, 42(9), 1568-1580.

杉田敦 2015：『権力論』岩波書店.

サスカインド , R., サスカインド , D. 2017：小林啓倫（訳）『プロフェッショナルの未来：AI、IoT 時代に専門家が生き残る方法』朝日新聞出版：Richard Susskind, and Daniel Susskind *The Future of the Professions: How Technology Will Transform the Work of Human Experts*, Oxford University Press, 2015.

高橋宏知 2022：『生命知能と人工知能：AI 時代の脳の使い方・育て方』講談社.

テナー , E. 1999：山口剛，粥川準二（訳）『逆襲するテクノロジー：なぜ科学技術は人間を裏切るのか』早川書房：Edward Tenner *Why things bite back: Technology and the revenge of unintended consequences*, Vintage, 1997.

The IEEE Global Initiative on Ethics of Autonomous and Intelligent Systems 2017: “Ethically Aligned Design: A Vision for Prioritizing Human Well-being with Autonomous and Intelligent Systems, Version 2”, https://standards.ieee.org/wp-content/uploads/import/documents/other/ead_v2.pdf（2022年 4 月 4 日閲覧）

Thompson, C. 2015: “This chart shows the hottest emerging tech of 2015”, https://www.businessinsider.com/the-2015-gartner-hype-cycle-chart-2015-8（2022年 4 月 4 日閲覧）

外山健太郎 . 2016：松本裕（訳）『テクノロジーは貧困を救わない』みすず書房：Kentaro Toyama *GEEK HERESY: Rescuing Social Change from the Cult of Technology*,

PublicAffairs, 2015.

Turek, M. 2016: "Explainable Artificial Intelligence (XAI)", https://www.darpa.mil/program/explainable-artificial-intelligence（2022年4月4日閲覧）

Unicef 2019: "Progress on household drinking water, sanitation and hygiene, 2000–2017 Special focus on inequalities", https://data.unicef.org/resources/progress-drinking-water-sanitation-hygiene-2019（2022年4月4日閲覧）

Umbrello, S., and Van de Poel, I. 2021: "Mapping value sensitive design onto AI for social good principles". *AI and Ethics*, 1(3), 283–296.

Veale, M., Van Kleek, M., and Binns, R. 2018: "Fairness and Accountability Design Needs for Algorithmic Support in High-Stakes Public Sector Decision-Making". *Proceedings of the* 2018 *chi conference on human factors in computing systems*, 1–14.

フェルベーク，P. 2015：鈴木俊洋（訳）『技術の道徳化：事物の道徳性を理解し設計する』法政大学出版局：Peter-Paul Verbeek *MORALIZING TECHNOLOGY: Understanding and Designing the Morality of Things*, The University of Chicago Press, 2011.

和辻哲郎 1979：『風土：人間学的考察』岩波書店.

Webb, A. 2013：「How I hacked online dating」, https://www.ted.com/talks/amy_webb_how_i_hacked_online_dating（2022年4月3日閲覧）

Winner, L. 1980: "Do artifacts have politics?," *Daedalus*, 109(1) 121–136.

ウィトゲンシュタイン 2003：野矢茂樹（訳）『論理哲学論考』岩波書店：Ludwing Wittgenstein *TRACTATUS LOGICO-PHILOSOPHICUS*, Harcourt, 1933.

Wynne, B. 1992: "Misunderstood misunderstanding: social identities and public uptake of science". *Public understanding of science*, 1(3), 281–304.

Yang, K., Qinami, K., Fei-Fei, L., Deng, J., and Russakovsky, O. 2020: "Towards fairer datasets: Filtering and balancing the distribution of the people subtree in the imagenet hierarchy". *Proceedings of the* 2020 *Conference on Fairness, Accountability, and Transparency*, 547–558.

事項索引

カ

サ

タ

著者略歴

中尾 悠里（なかお・ゆうり）

富士通株式会社富士通研究所AI倫理研究センター研究員、東京大学大学院総合文化研究科博士課程、青山学院大学大学院非常勤講師。

1989年生まれ。専門は科学技術社会論。人間との相互作用で人工物が持つ権力に注目し、AIと人のインタラクション、AIの持つべき公平性、人の価値を反映するAIシステム開発手法をヒューマン・コンピュータ・インタラクション（HCI）と責任ある研究・イノベーション（RRI）の観点から研究。2021年からJST ACT-X「AI活用で挑む学問の革新と創成」領域「AIと人の相互作用による技術哲学の創出」研究代表。一般社団法人STEAM Associationパートナー。

AIと人間のジレンマ
ヒトと社会を考えるAI時代の技術論

2022年7月31日 初版第1刷発行

著　者　中尾 悠里

発行者　千倉成示
発行所　株式会社 千倉書房
〒104-0031 東京都中央区京橋3丁目7番1号
電話 03-3528-6901（代表）
https://www.chikura.co.jp/

造本装丁　米谷 豪
印刷・製本　精文堂印刷株式会社

ISBN 978-4-8051-1264-9 C3040

乱丁・落丁本はお取り替えいたします